奇妙的天文大百科

为了使青少年更多地了解自然热爱科学我们精心编写了这本书这是一本科学性和趣味性并存的著作，希望青少年朋友能在轻松的阅读中了解变幻莫测的大千世界，了解人类与自然相互依存的历史。只有这样，我们才能更理智地展望未来。

本书编写组◎编

QIMIAO DE TIANWEN DABAIKE

世界图书出版公司
广州·北京·上海·西安

图书在版编目（CIP）数据

奇妙的天文大百科/《奇妙的天文大百科》编写组编．
广州：广东世界图书出版公司，2009.11（2024.2 重印）
ISBN 978－7－5100－1224－2

Ⅰ．奇… Ⅱ．奇… Ⅲ．天文学－青少年读物 Ⅳ．P1－49

中国版本图书馆 CIP 数据核字（2009）第 204855 号

书　　名	奇妙的天文大百科 QIMIAO DE TIANWEN DABAIKE
编　　者	《奇妙的天文大百科》编写组
责任编辑	朱　霞　倪　敏
装帧设计	三棵树设计工作组
出版发行	世界图书出版有限公司　世界图书出版广东有限公司
地　　址	广州市海珠区新港西路大江冲 25 号
邮　　编	510300
电　　话	020-84452179
网　　址	http://www.gdst.com.cn
邮　　箱	wpc_gdst@163.com
经　　销	新华书店
印　　刷	唐山富达印务有限公司
开　　本	787mm × 1092mm　1/16
印　　张	10
字　　数	120 千字
版　　次	2009 年 11 月第 1 版　2024 年 2 月第 11 次印刷
国际书号	ISBN　978-7-5100-1224-2
定　　价	48.00 元

前 言

PREFACE

天上星亮晶晶，在多少个夜晚，我们翘首仰望，仰望着这个美丽的星空。漫天数也数不清的星星，像一个个顽皮的孩子眨着眼睛，这给了我们许许多多离奇的幻想。

天空充满了美丽和梦幻，它有形形色色的美丽星座，有数百万光年地方的星星发出的光怪陆离的星光，有漫天像焰火的流星雨，还有只存在科学家猜想中的黑洞和白洞……宇宙中有太多太多人类至今也不了解的秘密，也许正因为如此，宇宙才充满了无穷的魅力。

经过多年的不懈的天文探索，人类已经获取了一定的关于天文的知识，踏上了梦想千年的月球，触摸到了除地球外的星球，可是我们依然不知道宇宙中还有没有别的生命体，宇宙的边缘到底在哪里，宇宙的中心究竟存不存在，黑洞和白洞是不是一条时空隧道，这条时空隧道到底通向何方………

在天文问题上，人类没有解决的问题远比已经知道的问题要多得多，人类只有不断地努力，不断地去探索，才有可能解决这些未知的问题。

人类探索宇宙的脚步不会停止，人类研究天文问题的学科——天文学在不断地发展，我们也必定会在天文探索中不断知道得更多，更新奇、更惊人的发现在等待着我们，我们相信，尽管前面的探索之路漫长而曲折，但只要我们不断地努力不懈地去探索，终有一日，我们会取得这个胜利的。

Contents

目　录

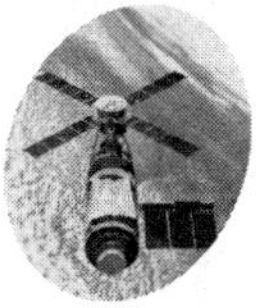

人类对宇宙的探索

RENLEI DUI YUZHOU DE TANSUO

宇宙是什么，来自哪里，是如何形成的，到现在经历了多少年……这一个个疑问代表了人类对宇宙的探索。人类对宇宙的探索历经了许多年，期间解决了一些问题，比如对宇宙的形成推断、对宇宙物质的组成认识、对宇宙年龄的测算、对宇宙爆炸模型的推理等，这些理论或学说的获得是人类历经多年的探索，经过科学计算推理或推测得出来的，代表了人类的智慧和付出。

宇宙的含义及起源假说

在西方社会，宇宙这个词在英语中是“universe”（cosmos）。古希腊人认为宇宙的创生是由混沌中产生出秩序来。不过，在英语中更经常用来表示“宇宙”的词是“universe”，这个单词与“universitas”有关。在中世纪，人们把沿着同一方向朝同一目标共同努力、前进的一群人称为“universitas”。在最广泛的意义上，“universitas”又指一切现成的东西所构成的统一整体，那就是“universe”，即宇宙。

中国最早的关于宇宙的定义是战国时期的尸佼提出来的。其定义是“四方上下曰宇，往古来今曰宙。”前者指明了空间的三维性，后者则说明了宇宙

宇宙星空

的时间范围。与此同时，著名的思想家和科学家墨子也有类似的阐述，并对时空的相互联系做了说明。但是，最先将宇宙合称的是东汉的天文学家张衡。在构造浑天说的天文模型时，他指出天地的关系、天地的形状和天地的边界。同时，他也想到天地之外的世界。他指出："过此而往者，未之或知也。未之或知者，宇宙之谓也。宇之表无极，宙之端无穷。"这是一种宇宙无限的观念。

所以"宇宙"这个词有"所有的时间和空间"的意思。

地球是我们的家园，而地球仅是太阳系的第三颗行星，太阳系又仅仅定居于银河系巨大旋臂的一侧，银河系在宇宙所有星系中，也许小到很不起眼……

这一切，组成了我们的宇宙。宇宙，是所有天体、星云共同的家园。

因为，我们的宇宙不是从来就有的，它也有着诞生和成长的过程。

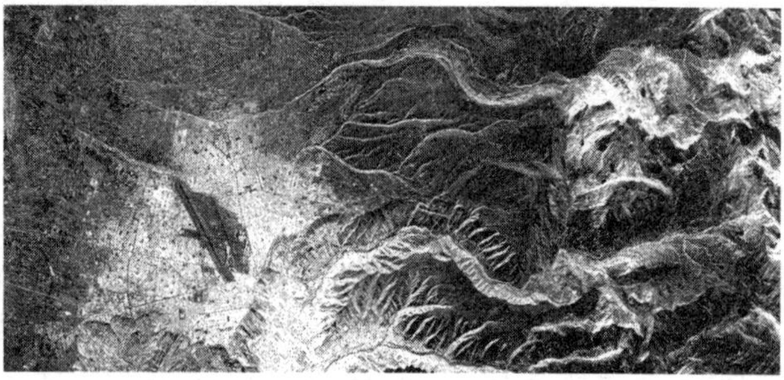
宇宙大爆炸猜想

远古时代，人们对宇宙结构的认识处于十分幼稚的状态，他们通常按照自己的生活环境对宇宙的构造做了自己的推测。在中国西周时期，生活在华夏大地上的人们提出的早期盖天说认为，天穹像一口锅，倒扣在平坦的大地上；后来又发展为后期盖天说，认为大地的形状也是拱形的。世界各民族先民们对宇宙的认识也各有不同。公元前7世纪，巴比伦人认为，天和地都是拱形的，大地被海洋所环绕，而其中央则是高山。古埃及人把宇宙想象成以天为盒盖、地为盒底的大盒子，大地的中央则是尼罗河。古印度人想象圆盘形的大地附在几只大象上，而象则站在巨大的龟背上。公元前 7 世纪末，古希腊的泰勒斯认为，大地是浮在水面上的巨大圆盘，上面笼罩着拱形的天穹。

其他的宇宙学说还有：

（1）宣夜说，认为宇宙是无限的。宇宙中充满了气体，所有的天体都在气体中飘浮运动。日月星辰都有由它们的特性所决定的运动规律。

（2）浑天说，是继盖天说 2000 年后，由我国东汉时期著名天文学家张衡提出的。他认为“天之包地犹壳之裹黄”。天和地的关系就像鸡蛋中的蛋白包着蛋黄，地被天包在其中。

（3）中心火学说，由古希腊学者菲洛劳斯提出。他受了前辈哲学家赫拉克利特关于火是世界本原思想的影响，认为火是最高贵的元素，由此提出宇宙结构的“中心火学说”，即宇宙的中心是一团熊熊燃烧的烈火，地球（每天一周）、月球（每月一周）、太阳（每年一周）和行星都围绕着天火运行。

大爆炸说创始人伽莫夫

（4）地心说，最早由古希腊哲学家亚里士多德提出。他认为地球为宇宙的中心，是静止不动的。从地球往外，依次有月亮、水星、金星、太阳、火星和土星，它们在各自的轨道上绕地球运行。

（5）星云说，18 世纪下半叶由德国哲学家康德和法国天文学家拉普拉斯提出。他们认为太阳系是一块星云收缩形成，先形成的是太阳，剩余的星云物质又进一步收缩深化，形成行星和其他小天体。

最早认识到大地为球形的是古希腊人。公元前 6 世纪，毕达哥拉斯从美学观念出发，认为一切立体图形中最美的是球形，主张天体和我们所居住的大地都是球形的。这一观念为后来许多古希腊学者所继承。可是直到 1519～1522 年，葡萄牙的 F·麦哲伦率领探险队完成了第一次环球航行后，地球是球形的观念才最终得到证实。

我们现在观察到的宇宙，其边界大约有 100 多亿光年。宇宙学说认为，我们所观察到的宇宙，在其孕育的初期，集中于一个很小、温度极高、密度极大的原始火球中。在 150 亿年到 200 亿年前，原始火球发生大爆炸，从此开始了我们所在的宇宙的诞生史（这就是著名的“大爆炸”理论）。

宇宙一经形成，就在不停地运动着。科学家发现，宇宙正在膨胀着，星体之间的距离越来越大。

宇宙的明天会是怎样？许多科学家正为此辛勤工作着。对我们人类来说，这也许永远是一个谜，一个令人无限困惑又孜孜不倦探索的谜。

知识点

空间的三维性

空间的三维性即指三维空间。三维空间，也称为三次元、3D，日常生活中可指由长、宽、高三个维度所构成的空间。这里的“维”表示方向。由一个方向确立的空间模式是一维空间，一维空间呈现直线性，只被长的一个方向确立。由两个方向确立的空间模式是二维空间，二维空间呈面性，被长、宽两个方向确立。同理，三维空间呈体性，被长、宽、高三个方向确立。

宇宙的组成物质

宇宙是由什么组成的呢？也许你知道这样一个简单的答案：由那些亮晶晶的星星组成的。但在最近几十年中，科学家逐渐发现这个答案是不正确的。

天文学家认为，现在的宇宙，主要由三大部分组成：看得见的物质、宇宙中的暗物质、暗能量——让宇宙加速膨胀的力量。

5% 的宇宙质量是由星球、宇宙间的气体和灰尘组成，33% 的质量是由一种移动缓慢的寒冷黑暗的物质组成，科学家看不见这些物质，只能够通过这些物质的引力推断出这些物质的存在。他们估计，另外 62% 的宇宙质量是由一种黑暗的能量组成。科学家也看不见这些能量，只可以从这些能量的引力推论出能量的存在。还有 0.1% 的宇宙质量是由中微子组成，这些中微子是有

移动速度的、中性的微细粒子，科学家称这些中微子为热的黑暗物质。天文学家认为那可能是暗能量。暗能量是一种特殊的宇宙物质，它能产生负引力，使宇宙加速膨胀。这种特殊物质是怎样产生的，目前还无法得到具有说服力的答案。

也有科学家认为，这种暗物质肯定不是正常的物质，因为正常的物质在万有引力作用下，将往星系中央集中，而据观察，这种物质没有这样变化。而且，因为宇宙中的一切物质都是大爆炸后几分钟内，大爆炸的“汤”凝结成的质子和中子，它们紧密地挤在一起，其中一些质子和中子聚合成重核，例如氦。如果原子核中质子和中子挤得更紧，它们将聚合成更多的重核。例如恒星和星际气体中的氦、硼和氘。然而，当它们聚合成为重原子核后，就变成了正常物质。

不过，不管看不见的暗物质性质如何，它们都不能进行核聚变。这种不允许进行核聚变的暗物质一种可能就是“冷的暗物质”，它们是大质量亚原子粒子，其质量是质子的许多倍。

寻找宇宙的界限

中国最早且明确的宇宙无限学说是东汉秘书郎郗萌记述其先师的思想而提出的宣夜说。这是一种完全不同的宇宙学说。在宇宙无限性的论证方面，三大宇宙结构学说的另两家——盖天说和浑天说都设置了一个天球的硬壳，让天体在不同的壳上运动，唯独宣夜说明确宣称宇宙无限，并在论证时第一次破除了天体的硬壳。这的确是一个大胆且难能可贵的革命，甚至在哥白尼的日心体系中仍保留了一个标志宇宙范围的硬壳。这种学说吸收了元气学说，以解释日月众星的自然运动。唐宋时期的柳宗元、张载等思想家对宣夜说加以发展并做了更好的论证。

坚持日心说的哥白尼

从哲学的角度来看，人们认为宇宙是无始无终、无边无际的。不过，对这个深奥的概念凭我们目前的知识仍无法做更深入的探讨，还是留给哲学家们去研究吧。我们不妨把眼光缩小一些，讲一讲利用我们现有的科学技术所能了解和观测的宇宙到底有多大。

小说《西游记》中，孙悟空一个跟头翻到了天边，还见到了四根擎天柱。

那么，天有没有边际呢？

人类居住的地球大不大？够大了吧，光半径就有 6 371 千米。可地球比起太阳，它仅是太阳的 1/1 300 000。包括地球等八大行星、50 多颗围绕着不同行星运转的卫星、数以万计的小行星、彗星、流星体以及行星际气体和尘埃物质在内的太阳系，其直径达 120 亿千米。

然而，如此庞大的天体系统——太阳系在银河系中只是极其微小的一部分，太阳也只是银河系中 1 000 多亿颗恒星中的一个。这些恒星中有的比太阳大几十倍到几百倍。比如有的超巨星比太阳系的行星木星绕太阳运行的轨道还要大。可想而知，银河系该有多大了吧！银河系的直径有 10 万光年。

神通广大的孙悟空

在我们的银河系之外，还有 10 亿多个类似银河的恒星系统，叫“河外星系”。几十个这样的星系聚在一起叫“星系群”；上百个聚集一起构成“星系团”；它们又都归于更巨大的太空集团——“星系集团”（又称超星系集团）。银河系所在的星系集团称为本星系集团，它的核心是室女座星系团。无数超星系集团组成更庞大的总星系。我们用现代最大的望远镜虽已能观测到远离我们 100 亿光年的天体，这仍未超出我们的总星系的范围。

我们这个总星系的边在哪里？至今仍未找到。近几年天文学家用最先进的天文望远镜又观测到一个距离我们大约 200 亿光年的天体，它是在我们的总星系之内，还是之外呢？我们的总星系之外是否还有其他总星系呢？

宇宙是没有边际的，或者说以我们目前的智慧，还无法认识到宇宙的边际。正如我们的祖先早在战国时期就指出的那样：天是个无限广袤的太虚世界。

美国学者认为它的直径至少是780亿光年。宇宙大爆炸之后残留的背景微波辐射中的波纹揭示了宇宙的大小这一令无数人关心的问题：宇宙两头相距至少有780亿光年。

美国蒙大拿州立大学物理学家耐勒·克尼斯领导的研究小组认为，他们的研究至少部分地回答了宇宙学一个最基本的问题：宇宙有多大？

随着探索的深入，宇宙之大，或许超过人们的想象

直到现在，人们对宇宙尺寸的估算在“你看到有多大就是多大”到“无限”之间。总之，没有一个多数人认可的答案，而完全依靠偶然灵光闪现想出来的一个宇宙模型。克尼斯等人的研究至少确定了宇宙尺寸的下限，它没有排除宇宙无限大的可能。

根据《自然》杂志，有人认为宇宙像一个足球，直径600亿光年。其他一些理论则认为宇宙事实上没有那么大，但它自己缠绕着自己，所以很难确定边界。克尼斯在《自然》杂志上表示：“原则上，地球的光线环绕着宇宙跑。所以如果我们看到40亿年前地球的情况，也没必要大惊小怪。”

他的研究小组于是决定在宇宙中寻找地球早期的状况。但应该看哪里呢？答案是尽量远，这意味着他们需要使用WMAP探测器分析宇宙背景微波辐射。这可以探测到宇宙形成最初期（大爆炸之后379000年）产生的微波辐射。如果宇宙较小，同一来源的光线将可以从不同方向到达同一个位置。该研究小组计算认为，这将产生辐射的不规则性（热点和冷点）。然而研究小组没有发现背景微波辐射中的冷点和热点。克尼斯由此做出结论认为，宇宙比我们的设备所能观测到的范围要大，直径至少780亿光年。宇宙还可能更大，他希望通过进一步的研究WMPA结果，修正自己的计算，宇宙的最小尺寸可能增大到900亿光年。

另外，从最新的观测资料看，人们已观测到的离我们最远的星系是200亿光年。也就是说，如果有一束光以每秒30万千米的速度从该星系发出，那么要经过200亿光年才能到达地球。这200亿光年的距离便是我们今天所知道的宇宙的范围。再说得明确一些，我们今天所知道的宇宙范围，或者说大小，是一个以地球为中心，以200亿光年的距离为半径的球形空间。当然，地球并不真的是什么宇宙的中心。宇宙也未必是一个球体，只是限于我们目前的观测能力，我们只能了解到这一程度。

知识点

宇宙背景微波辐射

宇宙背景微波辐射又称宇宙微波辐射，也称3°K微波辐射，是指来自宇宙空间背景上的各向同性的微波辐射。频率属于微波范围。宇宙爆炸学说认为宇宙微波背景辐射大约产生于大爆炸后的30万年。宇宙大爆炸初期，温度是极高的，之后慢慢降温，到现在（150亿年以上）大约还残留着3K左右的热辐射。

测算宇宙的年龄

想要测算宇宙的年龄，目前有三种方法。

一种方法是逆推算宇宙膨胀的过程，根据宇宙的膨胀速度（即哈勃系数和减速因子），计算从密度达到极限的宇宙初期到扩展为如今这种程度究竟需要多少时间，即为宇宙年龄。

二是根据恒星演化的情况求恒星的年龄。通过理论推导恒星内部的核聚变反应，就可以知道恒星这个天然的原子反应堆的结构和它的发热率是怎样随时间变化的。将观测和理论相核对，就可计算出恒星和星团的年龄。再由最古老的恒星年龄推算出宇宙年龄。

第三种方法是同位素年代法。这种方法已广泛运用于测定月岩和陨石的年代。这是利用放射性同位素发生的自然衰变，由衰变减少的情况推测母体

同位素的生成年龄。放射性同位素只有在特别激烈的环境中才能生成，所以一旦被禁闭在岩石中就只有衰变了。测定母体同位素与子体同位素之间的量比，测定具有两种以上不同衰变率的同位素的量比，就可以决定年代，由此可以推算宇宙的年龄。

迄今推算出的宇宙年龄为120亿年、150亿年、180亿年、200亿年不等。宇宙究竟有多大岁数，至今仍旧是个谜。

知识点

宇宙膨胀说

1929年，美国天文学家哈勃根据“所有星云都在彼此互相远离，而且离得越远，离去的速度越快”这样一个天文观测结果，得出结论认为：整个宇宙在不断膨胀，星系彼此之间的分离运动也是膨胀的一部分，而不是由于任何斥力的作用。其后的宇宙膨胀学说提出：假设宇宙是一个正在膨胀的气球，而星系是气球表面上的点，人类就住在这些点上。星系不会离开气球的表面，只能沿着表面移动而不能进入气球内部或向外运动……

大爆炸宇宙模型的三个阶段

自从哈勃发现了“哈勃定律”后，人们就知道宇宙是在不断地膨胀着的。无数的星系互相离开着，距离越来越大了。

可是，如果反方向考虑，随着时间倒流，所有的星系就从四面八方向某一中心汇聚，最终应集中到一个小范围内。这个范围内的物质应是极密、极重的，并且又是极高温的（由于汇聚中的碰撞加剧造成的）。有人称之为“宇宙蛋”或“原始火球”。我们现在观测到的宇宙就是由所谓“原始火球”大爆炸而形成的。

这种设想，最早由比利时数学家勒梅特（1894～1966）于1927年提出。他设想最初的“宇宙蛋”是不稳定的，在一次无与伦比的大爆炸中形成无数碎片，后来由那些碎片逐渐形成各种星系。

真正从理论上阐明这一观点的，是美国物理学家伽莫夫（1904 ~ 1968）等人。他们在《化学元素的起源》一书中勾画出大爆炸宇宙模型。这个模型指出，宇宙从诞生到现今，大致经过可以分为 3 个阶段：初始阶段、辐射为主阶段与实物为主阶段。大概情况如下：

“宇宙蛋”模拟

（1）初始阶段。大约在 100 亿年前，原始火球开始大爆炸（用“大爆炸”这个词，只不过为了形容当时宇宙演化的剧烈，不能把它想象为像一颗炸弹那样的爆炸，因为宇宙是没有中心的）。当时的温度极高，达到 10^{12} 开（1 万亿开）。那时宇宙的主要成分是光子、正反 μ 介子、正负电子、正反中微子和极少量的质子、中子等。温度迅速降低，正反 μ 介子开始湮灭。温度降至 10^{11} 开以下，中子开始衰变为质子。爆炸后 1 秒钟，温度就降到 10^{10} 开（100 亿开），此时，正负电子开始湮灭。宇宙的主要成分只有光子、中微子和极少量的稳定粒子。这里的所谓极少量是与爆炸初期的各种粒子总数相比而言的，实际上今天的宇宙也就是这些稳定的粒子（电子、中子、质子）组成的。在第 1 秒末的时候，宇宙的尺度还很小，大约只有 5 光年，但是物质和能量的密度却很大。尤其是光子和中微子的能量按当时的温度来算更高。随着宇宙的膨胀，它们都在迅速地降低。

按照热辐射的性质，辐射的波长愈长，相应的温度就愈低，那么可以推知，宇宙的温度和它的尺度成反比。宇宙膨胀得愈大，它的温度愈低。这个规律在宇宙演化的各个阶段，都是存在的。

（2）辐射为主阶段。在大爆炸后 1 分钟，温度由 10^{10} 开降到 10^5 开时，宇宙的尺度相应地膨胀了 10^5 倍。最后达到 50 万光年左右的阶段，称为辐射为主阶段。

开始时，温度保持在 10^9 开（10 亿开）以上，质子和中子可以通过一系列的核反应产生出氘核和氦核，即化学元素开始形成。计算出质子比中子多6～7倍，到宇宙诞生3分钟时，氦的丰度稳定在30%左右。元素的合成到30分钟末尾就基本停止了，这时产生了大量的氢与氦，成为现今宇宙的主要成分，同时也产生了其他的一些轻元素。

（3）实物为主阶段。宇宙温度降到10^5开以下，实物的平均密度超过了辐射的质量密度，宇宙的演化就开始进入了物质时期。这个阶段一直延续到现在，又可分为前后两阶段。

开始时，在宇宙年龄小于70万年，温度高于3000开的前段，由于温度仍然很高，实物粒子都在高速运动着，自由电子、光子也在快速运动，互相碰撞，互相混杂成均匀的混合状态，因此，这时期宇宙物质仍然处于严格均匀、各向同性状态。同时光子和电子经常发生碰撞，无法顺利地穿透宇宙空间，所以大爆炸至此，宇宙都是不透明的。

在温度降到3000开以下时为后一阶段，随着温度下降，物质粒子的能量愈来愈小，电子的能量也变小了，只能与正电荷结合成中性质子。宇宙间失去了大量的电子，光子不再受到自由电子的强烈散射，宇宙就开始变得透明了。

从此以后，实物和辐射之间基本上分开了（或叫“退耦”），互不干扰。实物就可能发生非均匀性扰动或涨落，而分裂成团块，然后在引力作用下，逐渐聚集成各种层次的天体。在宇宙诞生10^9年（10亿年）左右时，星系开始形成。在40亿年左右时，第一代恒星形成。在宇宙诞生后150亿年左右，行星形成。

太阳这颗典型的恒星，从日珥光谱观测得出氦的丰度为0.38，而从太阳风粒子流的观测，推算出氦的丰度为0.20。恒星内部的氦的丰度利用赫—罗图去推算，其值在0.24～0.33，都符合大爆炸宇宙模型。

大爆炸宇宙模型在下列几个方面得到科学的证实。

（1）星系退行，表明宇宙是在不断地膨胀着的。

（2）从大爆炸至今，宇宙间还应该有剩余的热，其温度约为3开。1965年美国天文学家彭齐亚斯和威尔逊发现了微波背景辐射的温度约3开，证实了这一点。

（3）按大爆炸宇宙学的推算，宇宙间氦的含量应为30%左右，已为观测所证实。

(4) 用许多方法测定的不同天体的年龄，都与用哈勃定律推算的宇宙年龄相符。太阳的年龄是46亿年。最古老的球状星团的年龄，也小于宇宙年龄200亿年。

正是由于有这些观测事实，所以大爆炸宇宙模型得到广大科学家的青睐，这个模型也常称为标准宇宙模型。

但是，大爆炸宇宙模型仍然存在不少问题。譬如说，宇宙物质是由热到冷的演化过程，但热的物质怎么能凝聚为星系与恒星呢？还有起点（奇点）的问题。“宇宙蛋”实际上是一个奇点。所有物质和时间都缩到一个点，一个几何学上的点。宇宙就可从这么一个奇点爆炸产生，在物理学上难以接受。此外，还有近年来的一些空间观测事实，用标准宇宙模型也难以解释。

知识点

哈勃定律

哈勃定律是关于宇宙论的陈述：来自遥远星系光线的红移（天体谱线的观测波长向长波方向频移的现象）与它们的距离成正比。在宇宙来源推理中，哈勃定律是宇宙膨胀理论的基础，原建立在对正常星系观测计算的基础上，如今已应用到类星体或其他特殊形体上，通常用来推算遥远星系的距离。

宇宙的大尺度结构和宇宙学原理

我国古人将宇宙看做是空间与时间的结合体，这一理念同爱因斯坦的四维时空（长、宽、高、时）的观念是一致的，但时间上比后者要早2 000多年。这两种观念都认为空间不是空的，而是充满着物质，而时空的性质决定于物质的质量。这些前面已叙述了，现在，我们的视线早已离开了太阳系，开始深入到星系与星际的空间。我们该看看宇宙的大尺度结构了。

由近及远来说，从地球开始，更大的时空范围是太阳系（其他的恒星也有类似于太阳系的行星、卫星等）。而全天的恒星组成了一个恒星城，称作银河系，它包含有恒星、双星、聚星、星团、星云、星际尘埃、宇宙线，以及延伸的星际磁场等。银河系主体的直径约为 10 万光年。同银河系一样的天体系统，统称为“星系”。现在已观测到的星系差不多有 10^{11} 个（1 000 亿个）。星系的尺度范围为 14×10^{6} 光年，相邻星系间的平均距离为 3×10^{6} 光年。可知星系间的距离比恒星间的距离要近得多。两个星系很容易相碰撞，而两颗恒星则很难有相碰的机会。

星系单独存在的情况并不多见，而多数星系都喜欢“群居”，组成双重星系、多重星系、星系群和星系团，它们之间靠万有引力在维系着。

著名的大麦哲伦星云与小麦哲伦星云就是一个双重星系。而大麦哲伦星云、小麦哲伦星云和银河系又组成三重星系。1975 年，人们发现了离银河系只有 5.5 万光年的比邻星系。因此，银河系、大小麦哲伦星云与比邻星系实际上是一个四重星系。仙女座的大星云（M31）与附近的 M32 和 NGC205 也组成一个三重星系。

银河系附近的 40 多个星系，组成为“本星系群”。本星系群的半径约为 100 万秒差距，其总质量为 6.5×10^{11} 太阳质量。

再远些，离我们最近的是玉夫座星系群、大熊座星系群和天炉座星系群，其中含有的星系数为 6 ~ 16 个不等。

由 100 个到上千个星系组成的更大星系集团，称为“星系团”。离我们较近的不规则星系团是室女座星系团；离我们较近的规则星系团是后发座星系团，包含的星系总数可能多达 1 万个。

然而，像这样范围较大且星系众多的星系团为数不多。平均说来，各星系团内的成员星系数约为 130 个，观测到的星系团总数超过 1 万个。

若干星系团还可进一步聚集组成“超星系团”。我们银河系所在的称为“本超星系团”，由本星系群、室女座星系团、后发座星系团、大熊座星系团及其他约 50 个较小的星系群或星系团组成。本超星系团为直径约 10^{8} 光年的扁平状天体系统，总质量约为 10^{15} 太阳质量。室女座星系团可能是本超星系团的核心部分，而本星系群则位于本超星系团的边缘附近。

在本超星系团之外，还有其他的超星系团，超星系团一般含有 5 ~ 10 个星系团，已发现的 50 个超星系团中，最大的一个拥有 29 个星系团。

宇宙物质的结构，由太阳系、银河系、星系群、星系团至超星系团，像阶梯似的一级一级地扩大，那么，能不能再扩大下去呢？问题相当复杂。因为这么庞大的星系集团，很难证明星系之间会有引力联系。很可能是一些星系偶然地互相接近，而不是构成更高一级的天体系统。

值得注意的是星系的空间分布，近年来的观测表明，星系有点像蜂窝形（一说为泡沫形）。中间是空的（也叫“宇宙巨洞”），星系沿棱分布，在两个棱交会处，星系更加密集。沿棱边的长条形分布，也叫做“星系长城”，比如1992年美国天文学家观测到有一条长5亿光年、宽2亿光年、厚1500万光年，其中包含有4000多个星系，其密度是平均星系密度的5倍。超星系团的存在表明，宇宙的物质分布在10^9光年的数量级范围内是不均匀的；但在更大尺度的空间里，星系的分布却呈现出均匀性和各向同性。

星光灿烂的银河系

各向同性是指对任何方向观测，在天体上任一块同样大小的面积内，总可以找到同样多的星系，这就叫做各向同性，即指宇宙不存在方向上的差别。

爱因斯坦在研究宇宙学时，就早已谈到了这一点。他指出：在宇宙的尺度（大于3亿光年）上任一时刻，宇宙物质的分布是均匀的和各向同性的，这被称为“宇宙学原理”的重要理论。

这个原理已被不少观测所证实。

这个原理的含义是：

1. 在宇宙尺度上，空间任一点和任一方向，在物理量上是不可分辨的，即无论其密度、压强、曲率、位移都是相同的。但在同一点，在不同时刻，其各种物理量可以不同。所以这个原理允许宇宙有一定的演化。

2. 宇宙中各处的观测者观测到的物理量和物理规律都是一样的，也就是地球的物理规律在其他星球上也一样，这才有了“共同语言”，有了共同的宇宙时标。否则，就不好去讨论别的星球上的物理情况了。简单的比喻是，地球上的人是吃米饭、蔬菜的，你就不能说，别的行星上的“人”（外星人）

是吃石头、沙土的，这是很荒谬的。离开了宇宙学原理，就不能讨论宇宙间的生物与人的问题了。所以，我们认为地球上所看到的宇宙演化图景，在别的星球上也可以看到。

宇宙学原理是人们探讨宇宙演化的基础。如果将其中的“任何时刻”改为“一切时刻”或“所有时刻”，那就叫做“完全的宇宙学原理”。这个原理得出的宇宙是不演化的、静止的宇宙，现在绝大多数科学家拒绝接受这个原理。

知识点

双重星系和多重星系

双重星系是指两个星系组成的集团，粗略分远距双重星系、相互作用星系和碰撞星系3类，可包括各类星系。M51和它的伴星系是著名的相互作用星系。多重星系是指由3个到10多个有一定相关性的若干星系组成的集合，性质类似双重星系。银河系和大小麦哲伦云构成一个三重星系，仙女座大星云和它的4个伴星系构成一个五重星系。

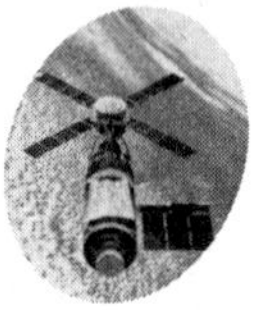

浩淼的星空

HAOMIAO DE XINGKONG

星空是从地球上望向宇宙所有星球的视野集合。在浩森的宇宙中，很多星球犹如挂在天宇中的街灯，神秘迷人，此外，宇宙中还有不计其数的不发光，也不反光的星体以及同样不计其数的星际物质。我们的银河系只是宇宙中极为普通的一员，比它更庞大的星系浩如烟森。宇宙是无穷无尽的，我们所看到的只不过是宇宙的很小的一部分，更遥远的部分还需要我们进一步去探索。

天上星亮晶晶

在晴朗的夜晚，当你仰望满天繁星时，有没有想过要数数眼前的星星到底有多少颗呢？我们知道，关于星星的谜语和歌曲很多，儿歌里说："天上星亮晶晶，数也数不清。"它们大都和我们的童年有关，或许童年的你也数过星星吧？天上到底有多少颗星星呢？恐怕是数着数着，就记不清了吧。于是，大人会对我们说："别白费劲了，星星根本数不清。"

星星真的数不清吗？我们肉眼能看的星星，到底有多少呢？

天文学家告诉我们：

人们肉眼可见的星星是数得清的。星星也像太阳一样，从东边升起到西边落下，一个人在同一时刻只能看到天空的一半，另一半在地平线下面，我们看不到，因此我们在同一天空所看到的星星只有 3 000 颗左右。

天文学家用划分星座的方法仔细计算结果，发现全天空肉眼可以看到的星星，总共有 6 974 颗。

如果我们用望远镜看，哪怕只用一架最小的望远镜，也可以看到 5 万多颗星星。

用现代最大的天文望远镜，人们可以看到的星星至少在 10 亿颗以上。

探索遥远星空的航天器

有些星球离我们实在太遥远，它们在巨大的天文望远镜里，看起来也只是一个模糊的光斑。

宇宙是无穷无尽的。现代天文学家所能看到的，只不过是宇宙的一小部分。另外，我们今天看到的星星，也许是几十几百亿光年前的星星发出的光到达了我们这里，而实际上，这颗星星也许已经不存在了……宇宙中究竟有多少巨大的星系？有多少颗星星是依然存在的？数得清吗？你说呢？

“天上的星亮晶晶，对着我眨眼睛。”你也许也会唱这首儿歌吧？现在我们知道了，星星不是动物，自然不会有什么眼睛的。可是，我们明明看见星星在忽闪忽闪地动，这是怎么回事呢？是不是我们自己的眼睛在眨，造成了“星星眨眼”的错觉呢？

天文学家为我们揭开了这个秘密，原来是大气在作怪。

包围着地球的大气层不是静止不动的。热空气上升，冷空气下降，使得大气动荡不定。而且各层大气的温度、密度又各不相同，这就阻碍了光的直线传播，造成了不同程度的折射。远处的景物在我们眼里就变得晃动了。夏天我们围坐在篝火旁，透过火光看对面的景物时，是不是觉得有些物体摇摇晃晃？烈日炎炎的盛夏，远方的景物也总是忽忽悠悠，这跟星星眨眼睛是同一个道理。星光射到地球时，要经过多次折射，时聚时散。我们通过地球周围那层厚厚的动荡不定的大气层看星星，就会觉得星星总是在晃动。又因为星星距离我们很远很远，我们看不太清楚，就觉得星星是一闪一闪的。

如果有一天你到了月球上，那时再看星星，就没有“一闪一闪”的感觉了，因为月球上没有空气。

星系大家族

当遥望星空时，横贯天际、蔚为壮观的星空总能让人思绪万千，产生瑰丽奇想。在天文学中，我们把这种由千百亿颗恒星以及分布在它们之间的星际气体、宇宙尘埃等构成的物质，拥有成千上万亿光年空间距离的天体系统叫做“星系”。我们头顶的太阳就是银河系中普通的一颗恒星。

除了银河，宇宙中还有其他的星系。通过各种科学的方法，人们现在已经观察到的星系有好几万个了！不过，由于距离太遥远，它们看起来远不如银河那么璀璨夺目。即便是借助望远镜，它们看起来也只是像朦胧的云雾。通常情况下，我们把除银河以外的星系，统称为“河外星系”。

在早期，星系曾被归属到星云中。直到1924年，在准确测定了仙女座星云（现应严格称为“仙女座河外星系”）的距离后，才正式命名星系的存在。

星系的形状是非常繁杂的，可以大致地分为椭圆星系、透镜星系、漩涡星系、棒旋星系和不规则星系五种。星系在太空中的分布也并不是均匀的，往往聚集成团。少的三五成群，多的则可能好几百个堆积在一起。人们又把这种集团叫做“星系团”。

绝大多数星系是比较稳定的，长时间内光度不怎么变化（通称为“正常星系”），但也有不少星系是不稳定的，可以称之为“特殊星系”。

特殊星系有塞佛特星系、马卡良星系、N星系、射电星系、类星体等。这种分类也不是绝对的，各类之间有重叠交叉的情况。例如，至少有10%的马卡良星系可归入塞佛特星系，N星系中很多是属于射电星系。

射电星系就是辐射无线电波的星系，它们的电波很强，比如用射电望远镜去巡天，很容易就可接收到天鹅座α及半人马座α（NGC5128）的讯号。这些星系的电波很强。这一情况有几种原因：有的可能是一个星系正在分裂开来；有的可能是两个星系相碰撞；有的是巨大的椭圆星系，内部有激烈的活动。但详细情况目前仍然不很清楚。

N星系是美国摩根的星系分类中的一种，它们的中心有一个恒星状的致密亮核，核的外面有一个微弱的延伸的星云状包层。马卡良星系是苏联天文学家马卡良发现的一种星系，它们有强紫外连续谱线。现代人们发现马卡良星系中很多是密致的并且相互作用很强的双重星系。

最值得注意的是塞佛特星系。塞佛特是美国天文学家，他发现旋涡星系中有一类星系很特别，它们的核非常小，但十分亮。它们一般不超过10光年，可是从核里辐射出来的能量却可以超过正常星系总能量的100倍！从谱线分析，核里有向外喷射的现象，速度达到500千米/秒~4 000千米/秒。该星系有很强的紫外辐射及红外辐射。光度往往发生快速变化，变化幅度达两三倍，变化的时间由几天到几年。根据这些特点，可以推知塞佛特星系有小到光年以下的，甚至比太阳系大不了十几倍的异常活动区。这些活动区辐射出来的能量超过银河系总辐射的上百倍。但是，这么巨大的能量是从何而来的呢？我国天文学家周体健指出：星系的核心可能是带磁场并高速旋转的超级大星体或者黑洞，大星引力势能或旋转动能转化为活动性的能源，此外有大量等离子体在旋转磁场中得到加速，产生很强的同步加速辐射。但是其活动性的来源并没有解决，还有待研究。

星系和它内部的恒星时刻都是运动的。我们都很清楚地球绕着太阳旋转，同时太阳又在绕银河系的中心运动着，而银河系作为一个整体，本身也在运动着。在星系内部，恒星有两种运动的方式：它一方面绕着星系的核心旋转，与此同时还在一定的范围内随机地运动（科学家称之为“弥散运动”）。

星系的起源和演化，与宇宙诞生早期的演化联系甚密。比较普遍的一种看法是：当宇宙从猛烈的爆发中产生大量的物质被抛射到空间中，形成了宇宙中的“气体云”。这些“气体云”的本身是保持平衡的，但是在某种作用下，平衡遭到了破坏，物质聚集在一起，质量高达今天太阳质量的上千亿倍！这些物质团后来在运动中分裂散开，并最终形成无数颗恒星。这样，就形成了原始的星系。一般认为星系形成的时期在一百亿年前左右。

知识点

星　云

星云是由星际空间的气体和尘埃结合成的云雾状天体。星云物质密度很低，但体积非常庞大，方圆可达到几十光年，所以，一般星云较太阳要重得多。星云和恒星有着“血缘”关系。恒星抛出的气体将成为星云的一部分，星云物质在引力作用下将被压缩成为恒星。在一定条件下，星云和恒星是能够互相转化的。

铁饼状银河系

在晴朗无月的夜晚，我们可以看到天空上一条白茫茫的光带。它环绕整个天空，我国古人称之为天河、星河、银河、银汉等，西方人称之为“牛奶之路”（milk way）。1609 年伽利略利用望远镜观测星空后，人们才知道，银河是由许许多多的星星组成的，并没有什么天河。

将全天的恒星与银河作为一个天体系统，则是英国天文学家威廉·赫歇耳提出的，他是通过恒星的直接计数发现的。恒星计数是相当困难的工作，他和他的妹妹嘉洛琳在长达十几年的时间内，做了 1 083 次观测，共计数了 11.76 万颗恒星。1785 年赫歇耳在《论星空的结构》一文中，宣布了自己研究的结果：全天的星星组成一个有点破口的铁饼状，他起名为银河系，这是天文学史上的第二个银河系模型。后来人们查出，图中的那个缺口恰是银河在天鹅座附近的“煤袋”，那个方向天空中充满了气体与尘埃，把在它后面的恒星的光给吸收掉了，所以人们看不到一颗星。

威廉·赫歇耳由于在恒星天文学上的开创性工作，被后人尊称为“恒星天文学之父”。

赫歇耳把太阳系作为银河系的中心，但实际上并不是这样的。美国天文学家沙普利利用当时世界上最大的望远镜（口径为 2.5 米，在威尔逊山天文台），观测了不少球状星团。由球状星团的分布，他得出银河系的中心在人马座方向，而太阳位于银河系的边缘附近。沙普利估计银河系的直径约为 30 万光年，太阳距离银河系中心约有 6 万光年。不过这个模型比现代测定的要大得多。

对于银河系的重大研究成果是荷兰天文学家奥尔特所完成的。1927 年，他依据恒星的自行和视向速度确定了银河系自转的公式，来说明整个银河系在旋转着。太阳距离银河系中心约 3 万光年，太阳以每秒 250 千米的速度绕银河系中心做圆周运动，估计 2.5 亿年公转一周。他还算出银河系的质量是 1.4×10^{11} 个太阳质量。

1930 年，瑞士天文学家特朗普勒指出，星际空间并不是空无一物，而是充满了一种极稀薄的雾状物质，它能吸收远方的星光（称“星际吸光”或“星际消光”），使得它们显得比实际的距离要远些。球状星团经过星际消光改正后，距离就大为缩小，因此沙普利的银河系直径只有 10 万光年，同奥尔特推算的结果相符合。

对于银河系构造的进一步研究，主要依赖于射电天文方法。1951 年美国哈佛天文台的珀塞尔、尤恩等首先观测到来自银河的波长 21 厘米的谱线信号。21 厘米谱线是氢原子云发射的，而氢原子云是构成星际物质的主要成分。因此，通过中性氢 21 厘米谱线就能了解银河系的结构。奥尔特等人就是依据这种探测，证实了早先有人提出的银河系具有旋涡构造这一论证。

现在，人们通过光学、射电及空间观测手段，对于我们银河系的构造有了较深入的了解。

银河系的主要物质组成一个扁的铁饼形。中央鼓出，两边细长。银盘直径约为 7 万光年，太阳距银河系中心为 2.3 万光年。银盘平均厚度约 5 000 光年，中心核球直径约 1 万光年。在核球正中还有一个银核，直径约 30 光年，在主要发光部分以外，还有稀薄分布的老年恒星与尘埃气体组成的“雾球”，称为银晕。银晕的直径约为 10 万光年。近年来，发现在银晕以外，还有极稀薄的气体组成的银冕。银冕的直径约有 60 万光年。

银河系具有旋涡结构，绝大部分的恒星与星际物质分布在 3 条旋臂上，称为人马臂、猎户臂与英仙臂。太阳位于猎户臂的内侧。此外，在银河系中心方向还发现了一条 3 000 秒差距臂。旋臂间的距离约 1 600 秒差距。在银河系中心直径为 2 万光年的范围内充满了激烈的氢气湍流。

当太阳“离开银心”之后，谁坐镇银河中心是天文学家关注的一个大问题。特别是，银心的距离并不算远，理应把它的“主人”搞清楚。然而，人们对银心的观测并不容易，原因是银心处充满了尘埃。这层厚厚的面纱实在令人难以窥见其中的奥秘。

随着观测手段的不断改进，人们对银心的了解也在不断增加。这主要是接收尘埃无法遮挡的红外线和射电源。它们就像医生测人体心电图一样，从红外线和射电波送来大量有用的信息。美国贝尔实验室的工程师詹斯基就是最先接收到银心射电波的人。

人们推测，由于银心核球的红外线和射电波信号很强，它似乎不是一个简单的恒星密集核心，它可能是质量极大的矮星群。1971 年，英国天文学家认为，核球中心部有一个大质量的致密核，或许还是一个黑洞，其质量约为太阳质量的 100 万倍。可是，如果真是一个黑洞，银心应有一个强大的射电源。

20 世纪 80 年代，美国天文学家探测到以每秒 200 千米的速度围绕银心运动的气体流，而离中心越远、速度越慢。他们估计这只是银心黑洞的影子。

另一些美国天文学家也宣布探测到银心的射电源，这说明银心可能是一个黑洞。

苏联天文学家则认为，证明银心是黑洞的证据不足。他们认为，银心可能是恒星的诞生地，因为其中心有大量的分子云，总质量为太阳质量的 10 万倍，温度为 200 ~ 300K。

天文学家很关心银心是否真的是黑洞，为此，美国天文学家海尔斯提出了一个判据，即一对质量与太阳相当的双星从黑洞旁掠过时，其中一颗被黑洞吸进后，另一颗则以极高速度被抛射出去。经过计算，根据掠过黑洞表面的距离，这样的机会并不大。海尔斯的判据虽不能最终解决问题，但不失为一条探测的方法。然而，要最终搞清楚银心的构成仍有许多工作要做。

知识点

球状星团

球状星团由成千上万，甚至几十万颗恒星组成，外貌呈球形，越往中心恒星越密集。球状星团里的恒星平均密度比太阳周围的恒星密度高几十倍，而它的中心附近则达数万倍。同一个球状星团内的恒星具有相同的演化历程，运动方向和速度都大致相同，天文学家推断，它们很可能是在同时期形成的。球状星团是银河系中最早形成的一批恒星，有约 100 亿年的历史。

热闹的恒星世界

当你在地球上遥望夜空，宇宙就是恒星的世界。

恒星在宇宙中的分布是多种多样的。自诞生的那天起，它们就聚集成群，交映成辉，组成双星、星团、星系……

简单地说，恒星就是在熊熊燃烧着的星球。一般来说，恒星的体积和质量都比较大。只是由于距离地球太遥远，它们星光才显得那么微弱。

古代的天文学家认为，恒星在星空的位置是固定的，所以给它起名为“恒星”，意思是“永恒不变的星”。可是我们今天知道它们在不停地高速运动着，比如太阳就带领着整个太阳系在绕银河系的中心运动。但别的恒星离我们实在太远了，以至于我们难以觉察到它们位置的变化。

恒星发光的能力有强有弱。天文学上用“光度”来区别它。所谓“光度”，就是指从恒星表面以光的形式辐射出的功率。恒星表面的温度也有高有低。一般说来，恒星表面的温度越低，它的光越偏红；温度越高，光则越偏蓝。而表面温度越高，表面积越大，光度就越大。从恒星的颜色和光度中，科学家能读取到许多有用信息。

历史上，天文学家赫茨普龙和哲学家罗素首先提出恒星分类与颜色和光度间的关系，建立了被称为“赫—罗图”的恒星演化关系，揭示了恒星演化的秘密。

在20世纪初，大约在1913年，丹麦天文学家赫兹普隆（1873～1967）和美国天文学家罗素（1877～1957）在研究恒星的分类时，用恒星的光度作纵坐标，用光谱型（或温度）作横坐标，然后将每个星画在这个坐标图上。这个图称为恒星的光谱—光度图，或称“赫—罗图”（也称HR图）。

光度是以太阳光度为单位的，而有的赫—罗图上，光度是用绝对星等表示的。在光谱下边注有温度的概值。如用温度为横坐标，可称为“光度—温度图”。

从赫—罗图上可以看出，绝大部分的恒星都分布在从左上方到右下方的对角线附近。这条带被称为“主星序”。恒星中约有96%处在主星序内。

我们的太阳差不多位于主星序的中央位置上，这表明太阳的光度、温度以及它的质量等几个方面跟许多恒星比较的话，都属于中等程度。这也再次说明太阳是一颗普通的恒星。

分布在主星序里的恒星通称为“主序星”。

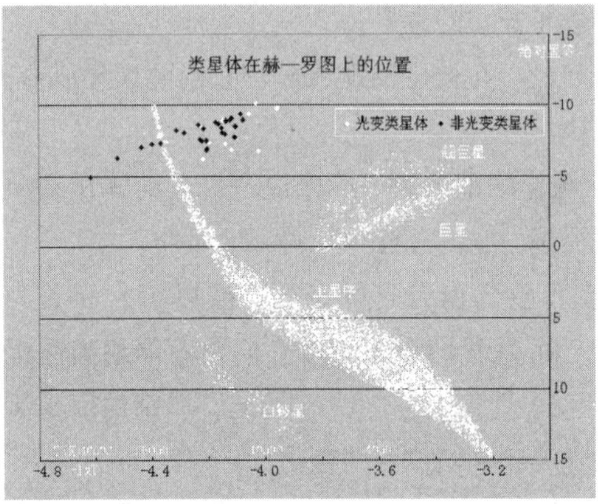

赫—罗图

除此之外，在赫—罗图的右上方也有不少星聚集在一起。这类星的体积特别庞大，发出巨大的光热，所以称它们为“巨星”和“超巨星”。可是这类星的平均密度非常小，有的只有水密度的 100 万分之一。巨星的光谱多为 K、M 型，发红光，所以常称为“红巨星”，如心宿二（天蝎 α）、参宿四（猎户 α）等都是红巨星。参宿四的半径是太阳的 1 000 倍，体积为太阳的 10 亿倍。仙王座 W 星的半径更大，约为太阳的 1 600 倍。另有一颗 HR237 是当前已知的最大恒星，其半径为太阳的 1 800 倍。

在赫—罗图的左下角，也有一些恒星。这些星光度很小，肉眼不容易看见，颜色是白的，故称之为“白矮星”。如天狼星的伴星就是一颗白矮星。它们的体积很小，有的只有地球这么大，但它们的平均密度都非常大，约为水的 100 万倍。如果从白矮星上取出一汤匙的物质，差不多重达 10 吨以上。

研究表明，一颗恒星在它的一生中，不同时期所处的（赫—罗图）位置是不一样的。每颗恒星都要经过主星序阶段，在这个阶段中停留的时间最长，约占整个生命的 90% 以上，其余很短的时间里处在主星序以外，所以在赫—罗图上主星序以外的恒星就比较少了。

赫—罗图是恒星天文学上最重要的图，它不仅显示了恒星的分类，更能显示出恒星演化的主要进程，具有十分重大的意义。

从赫—罗图上还可以求出某类型星的绝对星等，知道了绝对星等就可计算出该星的距离了。但是要注意，同一个横坐标（如 B 型），可以有不同光度的恒星（如主序星与矮星），所以，在应用时要很谨慎，不然就会失之毫厘、谬之千里了。

恒星诞生于太空中的星际尘埃（科学家形象地称之为“星云”或者“星际云”）。

恒 星

恒星的“青年时代”是星星一生中最长的黄金阶段——主星序阶段，这一阶段占据了它整个寿命的90%。在这段时间，恒星以几乎不变的恒定光度发光发热，照亮周围的宇宙空间。

在此以后，恒星会变得动荡不安起来，变成一颗红巨星；然后，红巨星将在爆发中完成它的全部使命，把自己的大部分物质抛射回太空中，留下的残骸，也许是白矮星，也许是中子星，甚至是黑洞……

就这样，恒星来自于星云，又归之于星云，走完了它辉煌的一生。

在太空中，恒星往往成群分布。一般地，我们把恒星数在十个以上而且在物理性质上相互联系的星群叫做“星团”。比如金牛座中的昴星团、毕星团，巨蟹座的蜂巢星团等。

根据星团包含的恒星数、星团的形状和在银河系中位置分布的不同，星团又分为疏散星团和球状星团。疏散星团一般由十几到几千颗恒星组成，结构松散、形状也不规则。它们一般分布在银道平面附近，所以也被称作“银河星团”。目前，科学家们在银河系内发现的疏散星团有一千多个，其中包括刚提到的金牛座昴星团、毕星团。

球状星团则由成千上万、多至几十万颗恒星组成。它们聚集成球形，越往中心越密集。球状星团大多都分布在银河系中心方向。一个球状星团内的恒星差不多都是在同一时期形成的，它们的演化过程也大致相同。比较著名的如武仙座的球状星团，它由大约250万颗恒星组成，距离我们大约2.5万光年。

五光十色的恒星

如果仔细观察闪闪的星群，你一定会发现，星星的颜色不只是“银白”色一种，还有红、黄、蓝等多种颜色。

恒星颜色的不同，是由它们表面温度不同而引起的。正如看似白色的光，都是由赤、橙、黄、绿、青、蓝、紫七色构成的。星星的表面温度越高，它的光线中蓝白成分就越多，这颗星看起来就越蓝。比如参宿一、参宿三就是蓝色的。表面温度在25 000～12 000开的参宿五、参宿七则呈蓝白色。牛郎、织女二星发白色光，它们将近115 000～7 700开。弱于白光的是黄白光，大犬星座中的α星南河三就是黄白色。我们身边的太阳，黄色光最强，因此有了“金太阳”、“金黄色的太阳”等赞词。比黄色弱一些的是橙色，其代表是牧夫星座中的大角星。表面温度偏低（在3 600～2 600开之间）的恒星呈红色，如红超巨星心宿二。

不同颜色的恒星，不仅表面温度不同，而且它们的光谱也不同。科学家发现，每种元素都有一种特定的光谱。分析恒星光谱上的谱线，并与实验室中得到的各种元素的谱线相比较，就可以知道恒星大致是由什么元素构成的。恒星光谱中绝大多数谱线已证实是地球上化学元素的谱线，绝大多数恒星的元素含量也基本与太阳相同。而颜色相同的恒星，光谱大致相同；颜色不同的恒星，其光谱也不相同。美国哈佛大学的天文学家根据恒星的温度高低，将恒星的光谱分为“O、B、A、F、G、K和M”七个类型，依次为“蓝、蓝白、白、黄白、黄、橙、红”七色，这就是哈佛分类法。

恒星的距离

夜晚我们看见的星星，绝大多数是恒星。“恒”是表示永久、不变的意思。在地球上看来，从各个恒星的相对位置来说，它们似乎是不变的；它们的亮度也似乎不变。但这是由于恒星距离我们十分遥远，它们的运动与变化在短时间内不容易看出罢了。

根据研究，恒星就是一个个远方的太阳；反过来可以说，太阳是离我们最近的一颗恒星，而且无论从大小与变化来看，太阳只是一颗普通的恒星。

在观察天空星星的时候，总会有人问这样一个问题：这么多星星，它们离我们有多远呢？

早先测量恒星的距离，用的是三角视差法。由于地球绕太阳公转，看见恒星有视差位移，如果测出视差，也就知道距离了。也就是从恒星上看地球轨道半径所张开的角度。由三角关系可得：

$\sin\pi = a/D$

恒星视差都很微小（小于1"），可取 $\sin\pi = \pi\sin1"$，而 $\sin1" = 1/206\ 265$，于是上式可化为：

$D = 206\ 265a/\pi$

这就是恒星视差与距离的关系式。

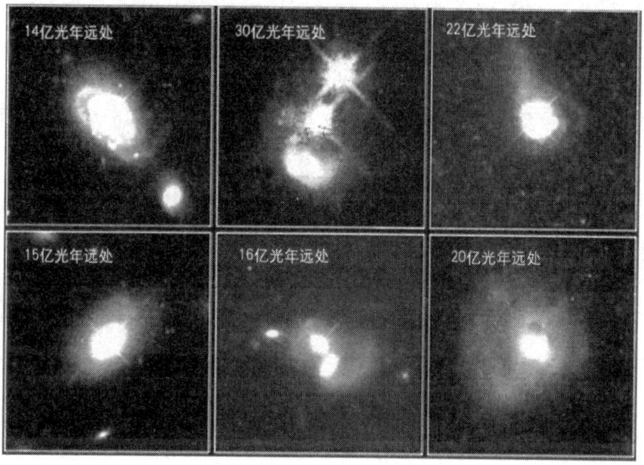

光年有多远

恒星是很遥远的，用天文单位来表示还是欠妥，因此常用“光年”为单位。光年就是光在一年中所走过的距离，也就是1光年 = 365 × 24 × 86400 × 299792 千米≈9.46×10^{12}千米。或粗略说，1光年等于10万亿千米。用光年时，上式变为：

$D = 3.26/\pi$（光年）

当 $\pi = 1$ 时，$D = 3.26$ 光年。这种长度也作为距离的单位，称为“秒差距”（视差为1"的距离的意思）。1秒差距 = 3.26光年 – 206265天文单位。用秒差距为单位时，有：

$D=1/\pi$（秒差距）

天文学在讲到星系与河外星系的距离时，就常用秒差距为单位。

在求恒星的距离时，通常是测量被测星与一些暗星的角距离。这里已假定那些暗星是无穷远的，因而当做不动的参考点。我们在一年中的某个时候，比如在3月21日，通过天文望远镜拍下被测星与暗的比较星。然后经过半年之后，当地球走到轨道直径的另一头时，即如9月23日，再拍摄一次被测星与比较星，这样观测就完成了。然后将两张底片对叠起来看，被测星相对比较星移动过一段距离，将这段距离化为角度大小。这个角度就是由于地球的移动而产生的被测星的视差位移。取其中一半角度，即是被测星的视差值。

实际测星并不是观测一两次，而是在几年内多次拍摄被测星与比较星的同一天区。并且，在计算中还要考虑到恒星本身的运动以及地球运动带来的影响。因此恒星视差测量是很复杂的天体测量工作。比如俄国天文学家W·斯特鲁维观测北部天空最亮的星——织女星，从1835年开始观测，到1838年才大功告成。从96次观测中，他推算出织女星的视差是0.26（相当于织女星的距离是1/0.26秒差距=1/0.26~3.26光年≈13光年）。这个数值虽然比现代测的值（0.12相当于织女星的距离是27光年）大了一些，但这是首批测量出的恒星视差，科学意义是很大的。

应用三角视差方法，能测量视差在0.01以上的恒星（相当于距离为300多光年）。视差小于这个数值，就测不准确了，因为观测的误差也达到这个数量级。

对于比较遥远的恒星，大多用统计的方法来求视差，其中有一个最常用的是由恒星的亮度去算出距离。

恒星的亮度决定于两个因素，一是它的发光强度（叫“光度”），一是它所处的距离的远近。为了比较恒星的光度，必须设想把恒星统统“移到”相同的距离处，方能比出个高低来。为此，天文学上选取一个标准距离，定为10个秒差距或32.6光年（其实是为了计算的方便而选取的），一颗恒星“移到”标准距离处所具有的亮度，叫做“绝对星等”，以M表示。“绝对星等”基本上表示一颗星的真实光度。

在标准距离处，太阳只相当于一颗5等星。

只要我们设法求出恒星的“绝对星等”，那么由公式就可计算出恒星的距离。

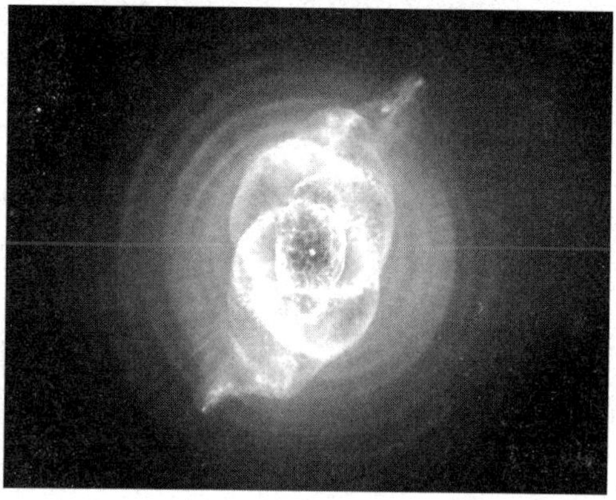

宇宙无限大

比如根据恒星的光谱特征，根据造父变星的“周光关系”等。这些涉及恒星的很多知识。此外，还可根据恒星的运动去求出它的距离。

我们通常讲的恒星距离“我们”有多远，实际上是距离“太阳”有多远。因为相对于恒星而言，日地距离是微不足道的，所以，用“我们”来代替“太阳”了。这样，距离我们最近的一颗恒星是半人马座的 α 星，中文名南门二。实际上，南门二是三颗星组成的小系统，其中有一颗离我们最近的，称为“比邻星”或“半人马座比邻星”，它的距离为 4.22 光年。要到“比邻星”上旅游观光，可真不容易，就是坐上每小时 4 万 5 千米的宇宙飞船，也得花 11.5 万多年！

至于最远的恒星有多远，那就难确定了。如果将银河系外的星系中的恒星也算在内，那么，最远的恒星的距离应当在 200 亿光年以上。随着科学技术的发展，也许将来还可以发现距离我们更为遥远的恒星呢！

悬殊的恒星密度

恒星质量的测定是天文学中的一个大难题。恒星太大了，人类根本不可能制造出那么大的天秤和砝码来衡量它。所以，人们对于单个的恒星毫无办法直接测定它的质量。

那么，人类就永远无法知道恒星的质量吗？千百年来，天文学家们孜孜不倦地探索研究，终于找到了衡量恒星质量的途径。那就是先直接测定双星的质量。双星中主伴二星均绕其质量中心作椭圆运动，通过测量它们的运动周期和轨道半径，应用意大利天文学家开普勒命名的开普勒第三定律，就可以算出双星主伴二星的质量了。天文学家在测量了许多恒星质量后又发现了一条规律：恒星质量越大，光度也越强（这称作质光关系）。根据这种关系，天文学家就可以近似定出单个恒星（变星除外）的质量了。迄今为止，人们以这种巧妙的办法，已测定出大多数恒星的质量约在 $10^0 \sim 10^2$ 个太阳质量之间。

天文学家们在测定恒星质量时，还发现了一个有趣而又惊人的现象：质量接近而大小悬殊的恒星，其密度比差大得令人难以置信。就拿与太阳质量相近的恒星来说吧，太阳的平均密度是水的 1.41 倍，而质量与太阳相近、体积小于太阳的白矮星（如天狼星的伴星），其密度比水大几万倍以上。而直径才 20 千米的微型恒星——蟹状星云中的中子星，其密度高达 $10^{14} \sim 10^{51}$ 克/立方厘米，也就是说这颗中子星上一块烟头大小的物质要用 1 万艘万吨巨轮才拖得动。相反，那些质量与太阳相近，而体积远远大于太阳的超巨星，平均密度才是水的 1/1 000 000。如天蝎座 a 星（心宿二），其体积是太阳的 2.2 亿倍，它的密度每立方厘米才 1/6 200 000 克。有的超巨星的密度竟是水的 1/10 000 000，甚至 1/100 000 000。而地球上的空气密度为水的 1/1 000。这些超巨星的密度比地球上的空气密度还要小得多。

快速移动的恒星

1718 年英国天文学家哈雷向世人宣布“恒星不恒”。这一惊人的发现打破了几千年人类认为“恒星不动”的传统观念。这一个理论是哈雷在编制南天星表时发现的。

后来，天文学家在研究恒星谱线的位移时，证实了恒星果真在运动。谱线波长的变化是因为恒星与我们之间具有相对运动造成的。恒星接近我们时，光的波长减小，谱线向紫端移动（简称紫移）；远离时，波长变长，谱线向红端移动（简称红移）。由测量谱线的位移，就可以推算出恒星的视向（即观测者视线方向）速度。天文学家把恒星本身固有的运动称为本动。太阳以每秒 19.7 千米的本动速度向武仙座方向运动。与此同时，太阳又以约 250 千米/秒的速度绕银河系中心旋转，银河系中所有的恒星都和太阳一样，除了本身的自转外，都在绕着银心旋转。

恒星运动的方向也各不相同。如天狼星以 8 千米/秒的速度直奔地球，织女星的速度更快：14 千米/秒；牛郎星比人造卫星、宇宙火箭还快好几倍：26 千米/秒。相反，猎户座的参宿七，却以 21 千米/秒的速度飞离地球；御夫座的五车二逃得更快：30 千米/秒；金牛星座的毕宿五比五车二速度还快：54 千米/秒。这些恒星离地球越来越远。然而，它们的运动速度还不算最快，天鹅星座中有颗星，其运动速度竟然高达 583 千米/秒。

恒星有如此快得惊人的速度，为什么我们从地球上看它们似乎是不动的呢？

这是因为宇宙太大了。在这硕大无比的天球上，我们肉眼可见的恒星每年自行（即恒星在天球的位移速度）不到 0″。在天文学家已测量过的 20 余万颗恒星中，被人们称之为“飞星”的蛇夫座巴纳德星，其自行最大，也不过每年 10″51。它在天空中移动 1°，需要 350 年。

另外，恒星离我们太遥远，看上去总是一个点，使我们感觉不到它在运动。就跟我们都知道飞机速度比汽车快，可是我们总觉得从身边飞驰而过的汽车比高空中缓缓飞行的飞机要快得多是一个道理。再加上恒星运动的方向四面八方，我们地球又随着太阳在天球上、在银河中不停地运动着。正是这种种原因，使得我们的祖先，乃至于我们都错把“动”星当“恒”星了。

恒星自转的测定

天鹰座的第一亮星天鹰 a，中文名牵牛星、河鼓二，俗名牛郎星，是一颗快速自转的恒星，约 7 小时就可以自转一周。我们的太阳也在自转，但它比牛郎星自转速度慢得多，牛郎星自转 93 圈太阳才自转一周。宇宙间的恒星如同牛郎星和太阳一样，都在进行着自转。

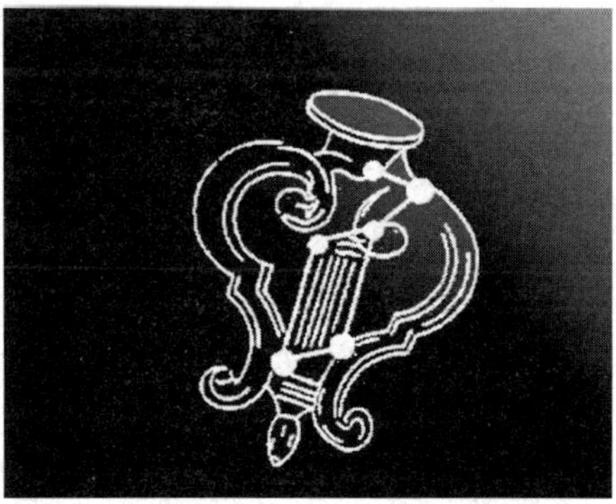

牛郎星（艺术绘画）

可是，离我们十分遥远的恒星，

看起来像一个光点，科学家是怎样测定出它们的自转运动的呢?

这可以通过恒星的光谱来测定。1877 年天文学家阿布内发现，恒星光谱是由恒星朝向观测者的半个表面各部位发出的光组成的。如果恒星不转动，恒星的光源是一条窄而深的谱线。如果恒星自转，那么，恒星的光源就会趋近或远离观测者。在观测者看来，光源的波长就会变短，即光谱线向蓝端位移；或变长，即光谱线向红端位移。谱线位移的大小，与光源趋近或远离的速度成正比。恒星表面部分朝观测者转时，恒星的光谱线便蓝移；表面另一部分背向观测者转动，谱线则红移。结果，恒星的光谱线就会变宽。根据谱线变宽的程度，人们就可以测定出恒星的自转速度。比如，测定出 O 型、B 型主序星的自转速度平均为 200 千米/秒，牛郎星是一颗 A 型主序星，自转速度平均为 100 千米/秒。

神秘的类星体

类星体是人们在寻找射电源的光学对映体中发现的。此后，它立即引起了天文界的重视。

类星体是在 1960 年开始被发现的。在那以前，射电天文工作者已发现了空中几百颗射电源，但是这些“源”究竟是什么天体，需要进一步去找出源的光学对映体。美国天文学家桑迪奇等在 1960 年利用当时世界上最大的 5 米望远镜去搜索，发现了射电源 3C48 的位置上是一颗亮度为 16 等的蓝星。但这颗星的光谱中有发射线，奇怪的是谁也认不出这是什么元素的发射线。不久，又有人发现了 3C273 对应于一颗亮度为 12.5 等的星，但这颗星的光谱线也认不出来。一直到 1963 年，美国天文学家施密特大胆地设想，如果将氢元素的谱线从正常位置向红端移一大段距离（称“红移”），那么这个问题就可迎刃而解了。

施密特得出 3C273 的红移量是 0.158。有人算出 3C48 的红移量为 0.367。在计算谱线红移后，这些对映体的光谱就可认识了。

谱线红移，对于天文学家并不陌生。一般恒星的谱线红移只有千分之几。在光谱上看来只是使谱线稍有移动，不至于移动得面目全非。但是，这些天体红移太大了，所以它们看起来像恒星一样，但毕竟不是恒星，因而称之为类星射电源或类星体。

至今人们已发现了两三千颗类星体，其中有1 000多颗为我国天文学家何香涛教授所发现，这使我国在类星体的发现上居世界先进行列。这些类星体的特点可以概括为下：

（1）有类似恒星的像，极少数有微弱的星云状包层，还有的有喷流。

（2）光谱中有又强又宽的发射谱线。

（3）光谱线具有很大的红移量，是已知所有天体中最大的，多数 $Z \geqslant 1$。目前观测到的最大红移量 Z 已超过4，此时的退行速度已达光速的90%以上。

（4）有很强的紫外线辐射，所以多数类星体的颜色都显得很蓝。

（5）一般有光度变化，光变周期时间从几小时到几十年。

（6）不少类星体是强射电源，部分是强X射线源（比如3C273X射线辐射光度达到1039瓦）。

当然，还有其他一些特点，但不是很重要。

从光变周期来分析，类星体应是比较小的。大小只有几光年至几光时（相当于普通星系的十几万分之一，以至百万分之一）。但它的光度却无与伦比，在这么小的范围内可发出比银河系还要高出上万倍的辐射能量，不能不令人感到惊奇。

从红移量可以推算出类星体的距离。在接近光速的条件下，要考虑相对论效应。3C48与3C273两个天体的距离为28亿光年和65亿光年。而有的类星体已经达到100多亿光年，接近于“观测的宇宙”的边缘了。在那么遥远的地方，它能被人们观测到，也说明它的辐射能量是极其巨大的。

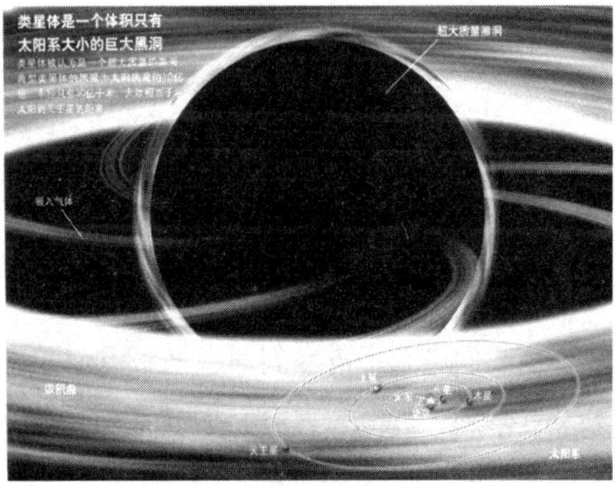

神秘的类星体

但是，类星体的大能量又是从何而来的？或许类星体并不那么远（红移不用多普勒效应来表示），那它的大能量就能得到部分的解释。有的人认为，类星体是活动的星系核。核中有无数的超新星在不断地爆炸着，因而产生出巨大的能量。还有人认为，星系核中有巨大质量的黑洞（质量为太阳的 $10^7 \sim 10^9$ 倍），是黑洞的吸积作用产生出高能量的。可是这大黑洞本身又是从何而来的？还有其他的解释，都不能令人满意，所以类星体的能源仍然是个谜。

类星体是最遥远的星系，那就暗示着它可能是最早期的星系，在它辐射的能量衰退到一定程度时，就演化为塞佛特星系。而塞佛特星系衰老了，就变成较为平和的活动星系（如射电星系），最后变为普通星系（如银河系）。但演化的途径也是很复杂的。类星体可能并不全部演化为今天的普通星系，而有的星系也许不是从类星体演化来的。但也许可以说，一部分星系是从类星体演化来的。

知识点

星系核

星系核是星系中心质量密集的区域，由大量的恒星、等离子体和高能粒子等组成。星系核有宁静星系核和活动星系核两种。宁静星系核中有各种光谱型的恒星，可能还存在中子星、白矮星等致密星。活动星系核具有剧烈活动现象，一般认为它的核心是一个黑洞，存在吸引力和喷流，还会发生星系核爆发。

弥漫星云和行星状星云

当我们讲到宇宙空间时，我们往往会想到那里是一无所有、黑暗寂静的真空。其实，这不完全对。恒星之间广阔无垠的空间也许是寂静的，但绝对不是真正的“真空”，而是存在着各种各样的物质。这些物质包括星际气体、尘埃和粒子流等，人们把它们叫做“星际物质”。

星际物质与天体的演化有着密切的联系。据观测证实，星际气体主要由氢和氦两种元素构成，这同恒星的成分是一样的。人们甚至猜想，恒星是由星际气体“凝结”而成的。星际尘埃是一些很小的固态物质，成分包括碳合物、氧化物等。

星际物质在宇宙空间的分布并不均匀。在引力作用下，某些地方的气体和尘埃可能相互吸引而密集起来，形成云雾状，人们形象地把它们叫做“星云”。按照形态，银河系中的星云可以分为弥漫星云、行星状星云等几种。

美丽的星云

（1）弥漫星云。正如它的名称一样，没有明显的边界，常常呈不规则形状。它们的直径在几十光年左右，密度平均为每立方厘米 10～100 个原子（事实上这比实验室里得到的真空要低得多）。它们主要分布在银道面（HOTKEY）附近。比较著名的弥漫星云有猎户座大星云、马头星云等。

（2）行星状星云。它样子有点像吐出的烟圈，中心是空的，而且往往有一颗很亮的恒星。恒星不断向外抛射物质，形成星云。可见，行星状星云是恒星晚年演化的结果。比较著名的有宝瓶座耳轮状星云和天琴座环状星云。

超新星和超新星爆炸

有时候，当你遥望星空，可能会惊奇地发现，在天上的某一星区，出现了一颗从来没有见过的明亮星星！然而仅仅过了几个月甚至几天，它又神秘消失了。

这种“奇特”的星星叫做新星或者超新星。在我国古代又被称为“客星”，意思是这是一颗“来作客”的星星。

新星和超新星是变星中的一个类别。人们看见它们突然出现，曾经一度以为它们是刚刚诞生的恒星，所以取名为“新星”。其实，它们不但不是新生的星体，相反，而是正走向衰亡的老年恒星，它们就是正在爆发的红巨星。

超新星爆炸

当一颗恒星步入老年，它的中心会向内收缩，而外壳却朝外膨胀，形成一颗红巨星。红巨星很不稳定，总有一天它会猛烈地爆发，抛掉身上的外壳，露出藏在中心的白矮星或中子星来。

在大爆炸中，恒星将抛射掉自己大部分的质量，同时释放出巨大的能量。这样，在短短几天内，它的光度有可能将增加为原来的几十万倍，这样的星叫“新星”。如果恒星的爆发再猛烈些，它的光度增加甚至能超过 1 000 万倍，这样的恒星叫做“超新星”。

现代天文学已证实，著名的蟹状星云、古姆星云及幕状星云都是恒星爆炸后的遗骸——超新星遗迹。超新星是大质量恒星（其质量是太阳质量的 10 倍以上）在晚年发生激烈的、粉碎性的爆炸现象。

大质量的恒星在晚年为什么会爆炸呢?

一些大质量的恒星，它的内部像一个巨大的不断燃烧着的热核反应炉。它们的里层，即星核以氢为燃料，氢燃料耗尽后，氦开始燃烧，其后是碳、氧，直到硅。每当恒星核心的一种燃料用完后，星核缺少能量时便开始收缩，收缩时释放出更大的引力能，使星核内部达到更高的温度，一直高到下一种燃料的点火温度，接着开始新的燃烧。到恒星的晚年，变得越来越不稳定，热核反应一轮接着一轮，温度越来越高，反应的速率一次比一次加快。当内部燃料耗尽、燃烧停止时，恒星的核心开始发生灾难性的坍缩，坍缩的过程极为短暂，几乎不到一秒钟。这突发的坍缩引起巨大的内部压力，就像突然用猛力挤压一个气球一样，逼迫着恒星星核的包层，包层被迅速加热，威胁着包层内的“火药库”——氧、氢、氖等轻元素，这些轻元素正是恒星爆炸所需要的核燃料，最终导致了整个恒星爆炸，从而形成超新星爆炸。

有史以来，人类仅发现过 6 次银河系的超新星爆炸。到 1988 年止，人类发现河外星系中的超新星 671 颗。

超新星并不是“超级新生的星”，而是恒星演化过程中的一个关键阶段，有人把它称为恒星寿终前的“回光返照”。超新星的爆发比一般新星爆发强许多倍。一般新星爆炸后还可能再度出现，而超新星几乎要把整个星体爆炸掉，其爆发现象特别壮观，亮度可一下提高100亿倍。据我国史书记载：1054年金牛座超新星“昼见如太白，芒角四出，色赤红，凡见二十三日”。这颗超新星在东方天空出现时比金星还亮，白天都可以看到，如此罕见的天象持续了23天。700多年后，一位英国天文爱好者用望远镜在这颗超新星的位置上发现了一个螃蟹状的星云，这团气体正是1054年超新星的遗迹，而且这个星云仍在向外膨胀。

超新星爆发的激烈程度是让人难以置信的。据说它在几天内倾泻的能量，有一颗青年恒星在几亿年里所辐射那么多，以至它看上去就像整个星系那样明亮！

新星或者超新星的爆发是天体演化中的重要环节。它是老年恒星辉煌的葬礼，同时又是新生恒星诞生的推动者。超新星的爆发可能会引发附近星云中无数颗恒星的诞生。另一方面，新星和超新星爆发的灰烬，也是形成别的天体的重要材料。有专家认为，今天我们地球上的许多物质元素就来自星空中那些早已消失的恒星。

对超新星及其物理现象的研究有助于全面研究天体的结构和演化规律。天文学家通过研究超新星的气体膨胀壳，以及它的亮度和温度，可以测量出超新星距离，进而推测出我们宇宙的大小。

知识点

蟹状星云

蟹状星云位于金牛座，距地球约6 500光年。它是个超新星残骸，源于一次超新星爆炸。亮度是8.5星等，肉眼看不见。气体总质量约为太阳的十分之一，直径6光年，现正以每秒一千千米速度膨胀。蟹状星云还是强红外源、紫外源、X射线源和γ射线源。它的总辐射光度的量级比太阳强几万倍。星云中心有一颗直径约10千米的脉冲星。

大质量的中子星

当恒星外壳向外膨胀时，它的核受反作用力而收缩。核在巨大的压力和由此产生的高温下发生一系列复杂的物理变化，最后形成一颗中子星内核。而整个恒星将以一次极为壮观的爆炸来了结自己的生命。这就是天文学中著名的“超新星爆发”。

中子星

中子星的密度为10^{11}千克/立方厘米，也就是每立方厘米的质量竟为一亿吨！对比起白矮星的几十吨/立方厘米，后者似乎又不值一提了。事实上，中子星的质量如此之大，半径十千米的中子星的质量就与太阳的质量相当了。

同白矮星一样，中子星也是处于演化后期的恒星，它也是在老年恒星的中心形成的。只不过能够形成中子星的恒星，其质量更大罢了。根据一些科学家的计算，当老年恒星的质量大于十个太阳的质量时，它就有可能最后变为一颗中子星，而质量小于十个太阳的恒星往往只能变化为一颗白矮星。

但是，中子星与白矮星的区别，绝不只是生成它们的恒星质量不同，它们的物质存在状态也是完全不同的。

简单地说，白矮星的密度虽然大，但还在正常物质结构能达到的最大密度范围内：电子还是电子，原子核还是原子核。而在中子星里，压力非常巨大，白矮星中的简并电子压力再也承受不起了：电子被压缩到原子核中，同质子中和为中子，使原子变得仅由中子组成。而整个中子星就是由这样的原子核紧挨在一起形成的。可以这样说，中子星就是一个巨大的原子核。中子星的密度就是原子核的密度。

在形成的过程方面，中子星同白矮星也是非常类似的。

双星和双星演化

天文学家在研究恒星时，常提到“双星”这个名字。那么，何为双星呢？

我们知道，月亮绕着地球旋转，地球绕着太阳旋转，都是引力的作用。恒星之间也存在引力，这就使一些距离较近的恒星相互绕转。天文学上把这种受引力相吸、互相绕转的两颗星叫做物理双星。

物理双星又分为目视双星和分光双星。

所谓目视双星，就是用目测就能看到的双星。如全天最亮的天狼星。人们用较大的望远镜就能目测出它是一颗相互绕转的双星。必须借助精密仪器，通过仔细分析才能发现的叫分光双星。如御夫座中最亮的 a 星——五车二就是一颗典型的“分光双星”。天文学家用分光仪器观测发现，它是由两颗大小相同、又十分靠近的炽热星球组成的。

除了物理双星外，还有一种特殊的双星，它们不是由引力系在一起的，也不互相绕转。它们本来是两颗相距遥远、互不相干的恒星，只是由于我们从地球上看它们似乎相距很近，所以也把它们归入双星类。这种双星叫光学双星。其实它们并不是真正的双星。

双星中较亮的一颗叫主星，另一颗叫伴星。每颗双星中主、伴星的搭配都各不相同。有的主、伴星大小相同（如五车二）；有的主星比伴星重，有的则相反；有的主、伴星颜色一样，如五车二的主星和伴星的颜色都与太阳相似，呈微黄色；而天蝎座中的心宿二，主星是鲜红的，伴星却呈浅绿色，二者颜色截然不同。有的主星是爆发变星，或脉冲变星，或其他变星：白矮星、中子星、红巨星，甚至是黑洞；如天狼星的伴星就是白矮星。

恒星中还有些特殊的双星结构，如双子座中的北河三是由三对双星组成的聚星。半人马星座的南门二是一颗三合星，由 A、B、C 三星组成，三颗星作相互绕转运动。

对于天体物理学家来说，双星是能提供给人们最多信息的天体，从双星可以得到比单个恒星更多的信息和恒星演化的秘密。

在浩瀚的银河系中，我们发现的半数以上的恒星都是双星体，它们之所以有时被误认为单个恒星，是因为构成双星的两颗恒星相距得太近了，它们绕共同的质量中心作圆形轨迹运动，以至于我们很难区分它们，这其中包括著名的第一亮星天狼星。天狼星主星天狼 A 的质量为 2.3 个太阳质量，其伴星天狼 B 是一颗质量仅为 0.98 个太阳质量的白矮星。按照恒星的演化理论，质量大的恒星将很快演化，首先耗尽其氢燃料；质量小的则有着很长的寿命。而一颗质量小于太阳的恒星从其诞生到白矮星至少要经过长达一百亿年的历史；而天狼星 A 有 2.3 个太阳质量，应该比其伴星更快演化，但事实上这颗星明显正在进行氢燃烧，是一颗完全正常的恒星。质量大的恒星还没有耗尽氢燃料，而质量小的却已经耗尽了氢而处于寿命的后期。这种情况不是唯一的，英仙座的大陵五双星及其他很多恒星也有类似情况，这些对双星中都有一颗是白矮星或是中子星，甚至有可能是一个黑洞。

下面我们假设可以观测到一对双星的演变过程，做一次实地跟踪观测：

最初，A 星的质量大约为 2 至 3 个太阳质量，B 星为1.5个太阳质量。这以后，正如单个恒星演化过程一样，质量较大的恒星演化得很快，A 星首先消耗掉了大量的氢元素，其外层慢慢膨胀起来，很快膨胀为一颗红巨星，其半径不断增大，而其内部已经形成了一个半径约为太阳几十分之一的白矮星氦核。当 A 星外壳开始进入 B 星的引力范围时，A 星的表面物质开始受 B 星的引力离开 A 星表面流向 B 星表面。但由于两星相互公转以及 B 星的自转，流来的物质并没有立即落在表面，而是先在 B 星周围随 B 星自转形成一个碟状气体盘，然后才逐步降落在 B 星表面。于是 A 星不断有物质转移到 B 星，这使得 A 星的老化进程急剧加快，并以更快速度膨胀，甚至将 B 星的轨道吞没。这个过程将持续数万年。这以后，A 星耗尽了它所有的剩余氢，而其巨大的外壳可以伸展到十几个太阳半径之外，但最终大部分将被 B 星所吸收。此刻，A 星基本上全是由氦组成了，质量仅仅剩下为原来的 1/5 左右，而 B 星质量则增至原来的 2 倍多。这样，质量对比发生了明显变化：A 星成了质量较小的致密的白矮星，而 B 星由于吸收了 A 星的大部分质量，体积增加了许多，成为双星中质量较大的恒星。A 星周围原来膨胀的外壳在失去膨胀力后一部分逐渐降落到小白矮星上；而 B 星正处于中年期，继续其正常恒星的演化。这就是我们现在看到的天狼星及其伴星的情况。

这以后，这对双星继续演化，同原来一样，质量较大的恒星会以很快的速度进行演化，并在耗尽其内核附近的氢燃料后开始膨胀，进入红巨星阶段。此时，A 星的强大引力将慢慢对 B 星不断膨大的表面上的物质起作用，物质开始从 B 星表面迅速流向 A 星。像从前一样，流来的物质在 A 星周围形成气体盘，并不断降落在 A 星表面。以后的时间里，B 星由于丢失大量物质而缺少燃料迅速老化膨胀；A 星则可能由于吸附了大量物质而塌陷成中子星甚至黑洞。B 星将终于发生超新星爆发而结束其一生，把自身的大部分质量抛向宇宙，而在其中心留下一个致密的白矮星或中子星。

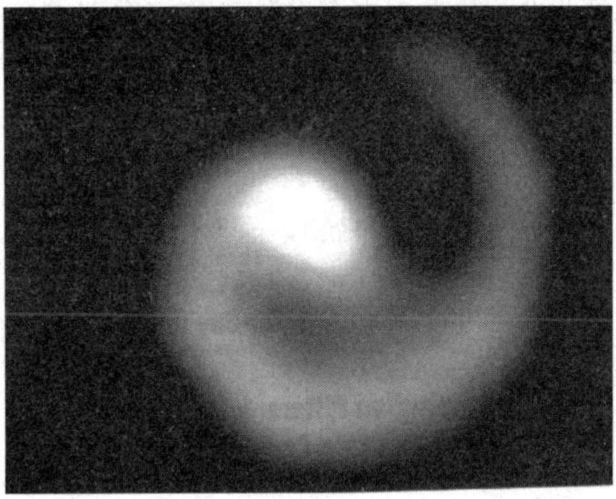

有趣的双星

一对双星就这样转化成一对仍然相互作用转动的白矮星、中子星或黑洞。由于其间复杂的引力作用，双星的演化过程比单个恒星要短得多。这些都是每天在上演的恒星演化奇观。

脉冲星和脉冲信号

起初，人们认为恒星是永远不变的。而大多数恒星的变化过程是如此的漫长，人们也根本觉察不到。然而，并不是所有的恒星都那么平静。后来人们发现，有些恒星也是变化多端的。于是，人们就给那些喜欢变化的恒星起了个专门的名字，叫“变星”。

脉冲星，就是变星的一种。脉冲星是在 1967 年首次被发现的。1967 年，英国剑桥大学建成了一座规模很大的射电望远镜天线阵（占地近 2 公顷），当年 7 月开始观测星空。初期的观测者天文学家休伊什的女研究生乔斯琳·贝尔是一位极其细心的人。有一天，她在记录纸上发现有一段波形很特殊，她就将它放大来研究，发现它是一组间隔很小的脉冲讯号，每两个脉冲的间隔都是11/3秒。后来的观测证明，这种脉冲讯号极其稳定，它来自狐狸座方向。开始时，人们曾经猜测这是一种地球以外的高智慧的“人”发射来的无线电讯号。而这种地外“人”能通过自己皮肤直接进行光合作用，因而他们的皮肤是绿色的，被称为“小绿人”。

但是，如果脉冲讯号果真是“小绿人”发出的，这“小绿人”应当居住在某个行星上，行星在围绕它自己的“太阳”旋转时，应该引起脉冲间隔时间的变化，但实际上没有观测到这种变化。到1968年1月底，贝尔还发现另外3个地方也发来脉冲讯号。这就怪了，要是真的有外星人，那么天上相距很远的4个地方的外星人怎么能约好在同一段时间里，用同一波段来打“电报”呢？因此，需要抛开外星人的设想，再从物理上考虑脉冲讯号的问题。

人们想到了20世纪40年代有几个物理学家（如朗道、巴德、奥本海默）曾经提出，宇宙间可能存在由中子组成的“中子星”，中子星的直径只有10千米~20千米。质量一般不会超过太阳质量的2倍，这个值被称为奥本海默极限。当时没有更多的人去注意这个科学预言，但现在终于找到了答案。原来，高度稳定、短间隔的脉冲是由自转很快的中子星发出的。

经过几位天文学家一年的努力，终于证实，脉冲星就是正在快速自转的中子星。而且，正是由于它的快速自转才发出射电脉冲。

正如地球一样，恒星也有磁场和自转；还跟地球一样，恒星的磁场方向不一定跟自转轴在同一直线上。这样，每当恒星自转一周，它的磁场就会在空间划一个圆，而且可能扫过地球一次。

当然不是所有恒星都能发脉冲。要发出像脉冲星那样的射电信号，需要很强的磁场。而只有体积越小、质量越大的恒星，它的磁场才越强。而中子星正是这样高密度的恒星。

另一方面，当恒星体积越大、质量越大时，它的自转周期就越长。我们很熟悉的地球自转一周要24小时，而脉冲星的自转周期竟然小于1秒！要达到这个速度，连白矮星都不行。这同样说明，只有高速旋转的中子星，才可能扮演脉冲星的角色。

这个结论一经发表，立即引起了巨大的轰动。因为虽然早在20世纪30年代，中子星就作为假说而被提了出来，但是一直没有得到证实，人们也不曾观测到中子星的存在。而且因为理论预言的中子星密度大得超出了人们的想象，在当时，人们还普遍对这个假说抱怀疑的态度。

直到脉冲星被发现后，经过计算，它的脉冲强度和频率只有像中子星那样体积小、密度大、质量大的星体才能达到。这样，中子星才真正由假说成为事实。这真是20世纪天文学上的一件大事。因此，脉冲星的发现，被称为20世纪60年代的四大天文学重要发现之一。

脉冲星

现今已发现有500多颗脉冲星，它们的脉冲周期有的短到0.0015578秒，有的长达4.3秒。观测说明，这周期就是中子星的自转周期。如果是别的天体，是不可能旋转这么快的。否则，这么高速度旋转起来，这个天体就散开了。中子星是高密度的小天体，密度高达10^{18}克/立方厘米，所以能高速旋转而不瓦解。

中子星为什么会发射有规律的无线电波呢？通常是用“灯塔效应”来解释的。在大海边上的灯塔以强大的光束扫过夜空，从远方看来是一闪一闪的光。中子星具有强大的磁场，磁场强度可达10^8特斯拉。电子沿磁力线作螺旋状运动时，就会辐射电磁波（即“同步加速辐射”）。如果磁轴与中子星的自转轴不重合，那么磁极就会绕自转轴旋转着，由磁极辐射的电磁波，就像旋转的灯塔一样扫过空间。当它扫过我们的射电望远镜时，就形成一个脉冲信号。中子星旋转一周，它的电磁波束也在空中扫一圈，我们就周期性地得到一次次脉冲信号。所以射电脉冲的周期就是中子星的自转周期。

脉冲星也是恒星演化到晚期的产物之一，是质量比4个太阳还大的恒星，后期会发生超新星爆发。爆发与引力相结合，有向外与向内的作用。向外的是物质抛射成为星云，向内的巨大压力会把核心物质压缩得更为密实。理论上证明了，在巨大压力下，电子都被挤压到与质子相结合，成为中子简并态，密度达到10^{15}克/立方厘米以上。由这种物质构成的天体就是中子星。1968年在蟹状星云（超新星爆发的遗迹）中找到了一颗脉冲星，证明了中子星的确是超新星爆发后形成的。

中子星内部不会有新能源，它的辐射能量必然只能从积存的转动能量来支付，因此它的自转会愈来愈慢，即周期在逐渐延长。近年来的精密观测证实了这一点（例如蟹状星云中子星大约在10万年变慢1秒钟）。

我国学者对中子星做了不少理论研究，认为中子星还可能有更精细的结构。

知识点

中子简并态

简并态是一种高密度的物质状态。在茫茫宇宙中，简并态是普遍存在的。质量小于1.4倍太阳质量的恒星将演化成高密、高温、高压的白矮星。白矮星内部原子的电子壳式结构已被高压破坏。与白矮星坍塌引力抗衡的就是电子简并压。恒星质量大于1.4倍太阳质量时，电子简并压已不能抗衡自身引力，恒星将进一步坍塌，电子被压入原子核，与质子结合成了中子，当中子的密度超过一定程度后，就进入中子简并态，中子星形成。

“忽隐忽现”的变星

公元1596年，德国天文学家法布里修斯（1564～1617）发表了《怪星小史》一书。书中谈到他发现天上有一颗星很奇怪。有时候看得见，有时候看不见，他将这颗忽隐忽现的星称为“怪星”，就是鲸鱼座O星，中文名刍藁增二。有的人将法布里修斯的发现看做是人类首次发现了亮度会变化的星——变星。

实际上最早发现变星的，当属我国古人。古时，我国的天文学家将光度会变化的星称为“客星”、“新星”。著名的记录见《汉书·天文志》记载：汉元光六年（前134年）六月“客星见于房（宿）”。而《宋史》所载公元1006年4月3日出现的“超新星”变光过程的描述（参见《中国天文学史》，科学出版社，1987）是世界公认的第一个变星记录。

1786年，皮戈特编制了第一个变星表，其中记载有8颗变星和4颗新星。1840年，阿格兰德尔（1799～1875）发明了“等级法”来观测恒星的亮度，因而逐渐发现了不少变星。约在1844年，他编的变星表中已有44颗变星。后来由于应用照相方法去测定恒星的亮度变化，发现的变星就大为增多了。至今人们发现的变星约3万颗。

法布里修斯的“魔星”，最亮时可达1.7等，而最暗时只有10等左右，强弱相差2 000多倍。由最亮到下一次最亮要经过近1年的时间（320～370天）。而当它的亮度减小到6等以下时，人们就见不到了，这个时间长达半年以上。所以在肉眼看来，它有时发光，有时又消失了，很奇怪。像鲸鱼座O星这样的变星称为“长周期变星”。有的周期可长达700多天。

在发现变星足够多时，人们就给它们分类。1881年，皮克林（1846～1919）把变星分为新星、长周期变星、造父变星、不规则变星和食变星5类。这是第一个考虑到光变曲线的形态特征，也照顾到变光的物理起因的变星分类法。现在，人们根据变光本原，把变星重新划分为脉动变星、爆发变星和几何变星3大类。在3个大类之下，又按照光变形态和物理原因，细分为若干次型。

变星的观测研究对于了解恒星的演化过程有重要的意义，而这个工作是一般天文爱好者都可以做到的。

在仙王座中有一颗典型的脉动变星，名为造父一（仙王座δ）。它在最亮时达到3.6等，最暗时达到4.3等，变光幅度为0.7等。变光一次的时间（叫周期）约为5.6天。造父一增亮时比较快（上升曲线比较陡），而变暗时比较慢（下降曲线平缓）。上升段需时约1天半，下降段需时约4天。

造父一大小表示光度与该星大小的变化有关系。原来，造父一是一颗体积经常在膨胀与缩小的星。它就像一只橡皮球，当充气时，气球膨胀变大；放气时，气球收缩变小。气球不断地膨胀、收缩，类似于脉搏跳动（脉动）。因此，这类变星就被人们称为“脉动变星”。造父一膨胀速度最高时，亮度最大；收缩最快时，亮度最小。

造父型变星，按变光周期的长短分为长周期与短周期两种。长周期造父变星，变光周期在1～50天范围内，变光幅度在0.1～2等。短周期造父变星，变光周期在 1.5 天以内，变光幅度在 0.5～1.5 等。如天琴座 RR 星，变光周期约为 0.5 天，变得很快。目前这类星人们已发现了 4 000 多个。长周期造父变星有时也称为“经典造父变星”。现在已发现近 1 000 个。

1912 年，美国女天文学家勒维特（1868～1921）在研究小麦哲伦星云的造父变星（周期在 20～120 天的约 25 颗）中发现了造父变星的光度与周期之间有密切的关系，周期愈长，光度愈大。这种关系称之为“周光关系”。例如周期是 5.4 天的，绝对星等是 -2.2 等；周期为 10 天，绝对星等为 -3.0 等。这样，只要测出了造父变星的变光周期，就容易由相关的图去估计出它的光度（以绝对星等 M 表示）。而知道了 M，距离就可算出来了。实际决定一颗星的绝对星等是相当复杂的，不同学者所得计算式并不完全一致。

在遥远的星团或河外星系中，如果有造父变星，也可利用“周光关系”去求出该星团或河外星系的距离。由于造父变星在测定天体距离上的重大作用，所以它获得了“量天尺”的称号。

“食变星”——大陵五

阿拉伯人可能早已觉察到，有一颗星的亮度会发生显著的变化，忽明忽暗，鬼鬼祟祟，所以称之为“魔星”。我国古人历来把这颗星叫做大陵五（英仙座 β 星）。古时，人们知道大陵五的亮度有变化，但没有人去仔细地研究过这一现象的原因。

1783 年，英国的一位聋哑青年约翰·古德里克（1764～1786）经过长期的观测，发现了大陵五的变光很有规律，变化周期为 2 天 20 小时 49 分 09 秒（2.867 日）。他还对变光的原因做了研究，认为有一颗我们看不见的暗星和大陵五在一起互相绕转，当暗星走在亮星前面时，星光就暗弱了，情况类似于日食。后来人们就将此类变星称为“食变星”。可是，当时的天文学家们都不太相信这个解释。直到 1889 年，才有人用分光方法证实了古德里克的设想。观测表明，大陵五是由两颗星组成的，它们彼此相距 1 100 万千米，其中看不见的那颗“伴星”，半径是太阳的 3.8 倍，亮的那颗“主星”略小些，半径是太阳的 3.6 倍。但是主星的质量为太阳的 5.2 倍，伴星的质量仅和太阳相当。古德里克还发现了另外两颗变星：天琴座β星（中文名渐台二）和仙王座6星（造父一）。前者也是食变星，后者为典型的脉动变星。自幼聋哑的古德里克一生短暂（仅活了22岁），却开辟了变星研究的先河，成为令世人敬仰的一代天文学家。

食变星的变光原因是双星的互相绕转（几何位置变化），因此归于几何变星，至现在，已发现的此类食变星约有4 000颗。

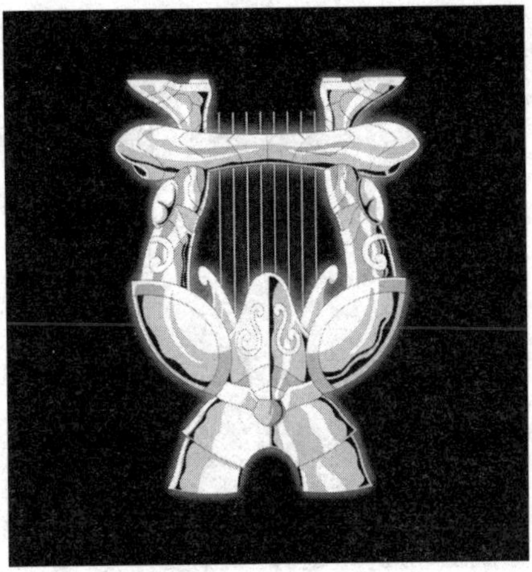

天琴座（卡通绘画）

太空指北针——北斗星

在我国有一则关于炎黄二帝大战的古老神话：黄帝与炎帝的臣子蚩尤大战于涿鹿之野。蚩尤以魔法造起弥天大雾，困得黄帝的军队三天三夜不能突围。黄帝的臣子风后受北斗星的斗柄指向不同的启发，制造出一种指南车，引导黄帝的军队冲出了大雾的重围。

人类众多民族的历史中，都有这类借北斗星定方向的记载和传说。

在晴朗的夜晚，我们在北方天空很容易发现7颗构成斗勺图形的星星，这就是我们所说的北斗星。古希腊人和罗马人称之为熊（Aretos）；不列颠人称之为“犁”（Plow）；美国人叫它“大杓”（Big Dipper）；1928年国际天文学联合会将它定名为大熊，符号为OMa。

北斗七星的中国名称分别是天枢、天璇、天玑、天权、玉衡、天阳和摇光，它们的符号分别是α、β、γ、δ、ε、ζ、η。前4颗连接起来的几何形状像个斗勺，所以称它们为斗魁；后3颗像是斗勺的柄，所以这3颗又称斗柄。北斗七星中，“玉衡”最亮，近乎一等星；“天权”最暗，是一颗三等星。其他5颗星都是二等星。在“天阳”附近有一颗很小的伴星，叫“辅”，它一向以美丽、清晰的外貌引起人们的注意。据说，古代阿拉伯人征兵时，会把它

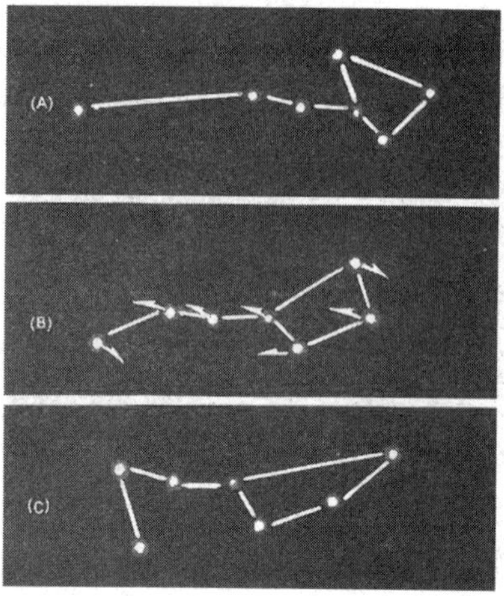

七　星

当做测试士兵视力的“测目星”。

北斗七星中的天璇和天枢两星有特别的效用：从“天璇”过“天枢”向外延伸一条直线，延长约5倍，就是与北斗遥相辉映的北极星。北极星的方向就是地球的正北方。所以，天枢、天璇又统称为极星。

人类的祖先根据北极星和北斗七星的斗柄“春指东、夏指南、秋指西、冬指北”的运转规律来确定方向，北斗星成了漂泊在茫茫大海上的船只、陷入草原荒漠的迷路人的太空指北针。

罕见的“九星会聚”

1982年，我国发行了一枚名为“九星会聚”的邮票。邮票上绘制着1982年3月10日和5月6日太阳系的八大行星（另外一颗是冥王星）奇迹般地运行到太阳同一侧一个角度不大的扇形画面的壮观景象。“九星会聚”是个难得的天文观测良机，用探测器可以同时观测地球之外的八大行星。

有人认为，“九星会聚”会加剧对地球的引潮力，从而引发地震和洪水。但据科学测算，八大行星对地球的引潮力的总和，只有太阳引潮力的5/100 000。而自公元前780年以来，人类已经历了25次九星会聚，却从未见其造成地球一系列“毁灭性的灾难”。据天文观测证明，九星会聚对太阳活动有一定影响，比如1982年九星会聚时，太阳黑子增多，活动加剧，太阳风增强。

九星会聚的天象是不多见的。据记载，1803年曾发生过一次，相隔179年后，1982年才重现。据测算，大约在300年之后，即2 357年才会出现下一次“九星会聚”。

我国古代有五星会聚的记载。因受当时科学技术不发达的局限，人们用肉眼只能看到五星：水星、金星、火星、木星、土星。史书上曾记载：“汉高祖入咸阳，五星高照。”说的就是公元前206年10月的天象，当时正值刘邦义军攻入咸阳。

现在我们知道了“五星会聚”是一种自然天象，与刘邦攻进咸阳毫不相干，而古人是把“五星会聚”看作是一种吉祥的征兆了。

最大星、最小星

如果有人问：“天上的星星哪颗最大?”或许你会不假思索地回答：“太阳!”

不对！在我们地球人的肉眼看来，太阳的的确确是一颗最大最亮的恒星了，它是我们地球体积的130万倍。可是在宇宙空间庞大的恒星家庭里，太阳可就算不得大了。

在夏天的傍晚，正南方有一颗红色的恒星，叫“心宿二”，离地球约410光年。看上去虽说不大，但它的体积却比太阳大2.2亿倍，也就是说，把2.2亿个太阳堆积起来才有这颗心宿二那么大。

但是，心宿二还不算最大的恒星。目前已知最大的恒星在御夫座，叫“柱六”，它的体积比太阳的体积大200亿倍!

恒星世界中最小的星是哪颗呢？它小到什么程度？目前所知是蟹状星云中的一颗中子星，它的直径仅有20千米，相当于地球直径的1/637。

最大的恒星柱六与最小的中子星之间的差距有这么大，天空中的星星实在太有趣了。

星星王国里的“小矮人”

你知道吗，星星王国中有五个“小矮人”，它们就是黄矮星、红矮星、白矮星、褐矮星、黑矮星。

所谓“矮”，是说这类星的个头，也就是体积小。这些矮星前面的“黄、红、白、褐、黑”五色则是表明它们不同的热度和亮度。

天文学家把恒星的一生分为早型星、中型星和晚型星三个阶段。黄矮星、红矮星属于中型星（也称主序星）这一阶段中的两类星，如太阳就是一颗黄矮星，当恒星演化为主序星时，它的亮度强弱由恒星质量决定。质量大于太阳20倍左右的主序星为亮度和温度很高的蓝巨星或蓝白巨星；质量与太阳相仿的主序星为亮度和表面温度与太阳一样的黄矮星；质量小于太阳的主序星则是亮度很小、表面温度很低的红矮星，如著名的巴纳德星。

而白矮星属于晚型星这一阶段中的一类。一般白矮星的体积同地球相似，是太阳的1/1 000 000或1/2 000 000；最小的白矮星只是太阳的1/10 000 000。白矮星虽小，但表面温度能高达10 000℃以上，其亮度比太阳还强，而且它们的“体重”极大，以白矮星——天狼星的伴星为例，它身上黄豆粒般大小的东西足有1吨多重，它的体积虽与地球相仿，重量却是地球的30万倍。据估计，宇宙间的白矮星数目相当惊人，仅银河系就约有100亿颗。

褐矮星，并不是真正的恒星。它是白矮星演变到后期，能量逐渐释散、表面温度变冷、亮度变暗而形成的。褐矮星的表面温度只有1 000℃左右。它的能量大部分以红外线形式辐射出去，看起来近于红褐色，所以有褐矮星之称。褐矮星不仅体积小，而且光线极暗，所以很难观测到。直到20世纪80年代，天文学家才真正发现了一颗。该天体编号为VB8B。它的直径只是太阳的1/120 000，质量是太阳的1/100，表面温度1 100℃。尽管它距离地球才21光年，却暗得无法用普通望远镜观测到。

褐矮星继续渐渐冷却下来，光线也越来越暗，最终演变成体积更小、密度更大、完全不发光的黑矮星。

也可以说，白矮星、褐矮星、黑矮星同属于恒星晚年阶段的三个演变时期，是恒星走向终结的“星路三部曲”。

最亮之星——天狼星

全天中肉眼能看到的星星总共6 974颗，它们的暗亮程度不一。古希腊著名的天文学家伊巴谷，早在公元前150年时，就根据星星的视觉亮度，依照亮暗的程度将肉眼可见的恒星分为6等。其中最亮的叫一等星。

全天一等或一等以上的最亮恒星共计21颗。按亮度从大到小依次排列为：

1. 天狼星（大犬座α）；2. 老人星（南船座α）；3. 南河二（半人马座α星）；4. 大角星（牧夫座α）；5. 织女一（天琴座α）；6. 参宿四（猎户座α）；7. 五车二（御夫座α）；8. 角宿七（猎户座β）；9. 南河三（小大座α）；10. 水委一（波江座α）；11. 马腹一（半人马座β）；12. 河鼓二（天鹰座α）；13. 毕宿五（金牛座α）；14. 十字架二（南十字座α）；15. 心宿二（天蝎座α）；16. 角宿一（室女座α）；17. 北河三（双子座β）；18. 北落师门（南鱼座α）；19. 十字架三（南十字座β）；20. 天津四（天鹅座α）；21. 轩辕十四（狮子座α）。

天文学上，至今仍用传统的星等来表示恒星的亮度，并确定每差1个星等，亮度相差约2.512倍。同时规定比一等星还亮的称为零等星，更亮的则用负数表示。全天最亮的天狼星是-1.46；明亮的织女星的星等数值是0.03；北极星则是1.99。

荣登亮星冠军宝座的是大犬座鼻尖上的α星——天狼星。它的亮度远远超过一般1等亮星，星等为-1.46。每当冬春两季的上半夜，它就出现在偏南方向的天空中，光辉耀眼。

天狼星其实是一对相互绕行的双星。我们所看到的天狼星的光主要来自它的主星。这是颗普通的蓝白星，光度为太阳的20余倍，比天狼星伴星亮1万倍。

天狼星伴星的发现应当归功于牛顿力学在恒星世界的应用。人们根据牛顿的力学定律以及天狼星主星的运行轨迹，预言了这颗伴星的存在，1862年，人们果然在预告的位置上发现了它。天狼星伴星虽十分暗弱，但却是颗高温度、高质量、高密度的白矮星。它的表面温度与主星一样，高达1万摄氏度。其质量与太阳相当，密度为每立方厘米200千克。

天狼星在古埃及人心目中不仅是颗最亮的星，而且有着特殊的地位。这是因为天狼星的出没运行与古埃及人的生产活动密切相关。每当天狼星在黎明与太阳一起升起的时候，恰是尼罗河泛滥、春回大地的播种季节。粮食播种完后，天狼星就一天比一天升得早了，365天后，天狼星再次与太阳同升，新的一年重又开始了。因此，古埃及人特别崇拜天狼星，把它看做是一颗“报春”星。

每年春夜，当北天上空的亮星之王——天狼星落入地平线之后，一颗闪烁着耀眼的橙黄色之光的巨星就成为天空中的第一亮星，它就是我国古人所说的东方苍龙的一角——大角星（另一只角是角宿一），即牧夫座α星。

大角星距离我们大约 36 光年，它的表面温度虽比太阳低得多（约 4 200℃），但发光本领却比太阳强 100 多倍。这是因为它的体积庞大、发光表面为太阳的 700 倍以上。别看大角星是个庞然大物，它的运行速度却是全天所有肉眼可以观察到的恒星中最快的。它以每秒 483 千米的速度在太空遨游，无数世纪以来独领风骚，甚至我们从地球上都能看出它在天空中的移动。

大角星作为定方向、主季节的星，历来受到人类的器重。因为它总是紧跟在大熊星座中的北斗七星之后。所以西方人称它为“熊的保护者”。亚洲两河流域的苏美尔人以及阿拉伯人把它称为“天的忠实守护者”。

银河系里的“小人”星云

1914 年，天文学家在银河系南天船底星座 η 中发现了一个奇形怪状的小尘埃云。于是，便给它取了一个有趣的名字：小侏儒。这个小人“斜躺”在天上，它的头在右上方，腿在左下方。之所以说它形状奇特，是因为它没有固定大小。据科学家观测，这个“小人”在逐渐长大，它的质量已达到太阳质量的 10 倍。在星体周围有一个厚厚的圆环，从地球上看去，像一个卵。环中集聚的物质形成了“小人”的头和肢体。

这个奇妙的“小人”星云是从哪里来的呢？原来它是 19 世纪 40 年代船底座 η 星激变时，从星体抛射出来的尘埃和气体。

“小人”星云的中心星船底座 η（距地球 9 000 光年），也是个变幻莫测的星体。17 世纪初叶，它只是一颗较暗的 4 等星。200 多年后，即 19 世纪 20 年代，它却突然变亮了 20 多倍，一直闪耀了 40 多年。在 1834 年 3 月的一次壮观的爆发中，其亮度高达 1 等星，一跃成为全天仅次于亮星冠军天狼星的第二颗最亮的星。可到了 19 世纪 60 年代，它的亮度又莫名其妙地骤降到肉眼看不见的 8 等星。自这次迅速“褪色”后，它又开始逐渐变亮，如今成了肉眼可见的 6 等星。

科学家观测发现，现在的船底座 η 其实并不比它 19 世纪 40 年代的辉煌亮度暗多少。它之所以在 19 世纪 60 年代落入低谷，变得暗淡，全是“小侏儒”的把戏，是小人星云抛射出的尘埃遮住了它的光辉的缘故。

夜空中美丽的星座

YEKONG ZHONG MEILI DE XINGZUO

天上的星星不计其数，令人眼花缭乱，为了便于观察，人们便将星空划分成若干个小区域，这些小区域就是星座。星座由恒星组成，这些恒星之间并没有什么关系，只不过其在天球上投影的位置相近而已。全天上共有88个星座，分为北天星座、南天星座和黄道星座。每个星座可由其中亮星的特殊分布辨认出来。星座的名称有的是根据其形态，以动物或器物名称命名；有的则与古代神话故事结合在一起，以神话中的人物命名，近代划分的星座采用天文学或其他科学仪器的名称命名。

星座的来源与命名

星座的历史已有几千年了，不同的民族和地区，都有自己的星座区分和传说。现在，国际上通用的88个星座，大多起源于古代的巴比伦和希腊。

星座的学说，起源于四大文明古国之一的古巴比伦，古代巴比伦人将天空分为许多区域，称为“星座”。大约在3 000多年前，巴比伦人在观察行星的移动时，最先注意的是黄道（太阳在恒星间视运动的轨迹）附近的一些星的形状，并根据它们的形状起名，如狮子、天蝎、金牛等星座，这就是最早的星座了。不过那时星座的用处不多，被发现和命名的更少。又经长期观测，逐渐确立了黄道十二星座。这些星座的命名大多取自大自然中的动物或人物的活动，如白羊、金牛、双子、巨蟹、狮子、室女、天秤、天蝎、人马、摩羯、宝瓶、双鱼。为此，有人称黄道十二星座是“动物圈”、“兽带”。

在公元前1000年前后，古巴比伦人已提出30个星座。那里有底格里斯河与幼发拉底河从西北流向东南，注入波斯湾，所以人们又称其为“两河流域”地区。

后来，巴比伦人的星座划分传入了希腊。希腊著名的盲歌手荷马的史诗中就提到过许多星座的名称。大约在公元前500～600年，希腊的文学历史著作中又出现了一些新的星座名称：猎户、小羊、七姐妹星团、天琴、天鹅、北冕、飞马、大犬、天鹰等。公元前270年，希腊诗人阿拉托斯的诗篇中出现的星座名称已达44个。公元2世纪，古希腊天文学家托勒密综合了当时的天文成就，编制了48个星座。托勒密用假象的线条将星座内的主要亮星连起来，把它们想象成动物或人物的形象，结合神话故事给它们起适当的名字，这就是星座名称的由来。希腊神话故事中的48个星座大都居于北方天空和赤道南北。

中世纪以后，欧洲资本主义兴起，需要向外扩张，航海事业得到了很大的发展。船舶在大海上航行，随时需要导航，星星就是最好的指路灯。而在星星中，星座的形状比较特殊，最容易被观测，因此，星座受到了人们的普遍关注。16世纪麦哲伦环球航行时，不仅利用星座导航定向，而且还对星座进行了研究。

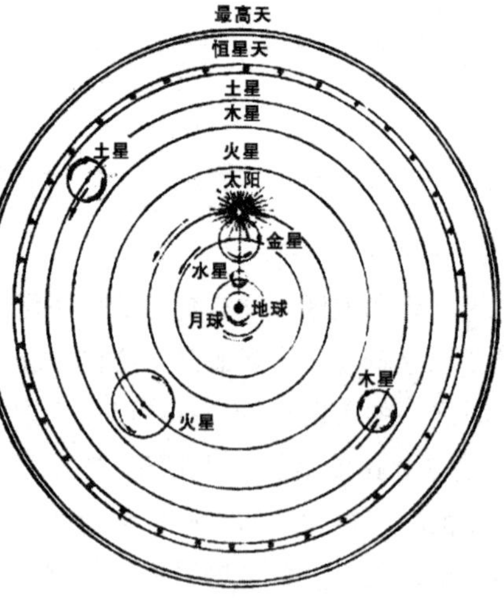

托勒密星图

1928年国际天文学联合会正式公布通用的星座88个：北天28座、黄道12座、南天48座。

1922年，国际天文学联合会大会决定将天空划分为88个星座，其名称基本依照历史上的名称。1928年，国际天文联合会正式公布了88个星座的名

称。这88个星座分成3个天区，北半球29个，南半球47个，天赤道与黄道附近12个。

人类肉眼可见的恒星有近六千颗，每颗均可归入唯一一个星座。每一个星座可以由其中亮星的构成形状辨认出来。

现在国际上通用的星座共88个（详见下面所列）。

大熊座　小熊座　天龙座　仙后座　仙工座　仙女座
蝎虎座　鹿豹座　御夫座　猎犬座　狐狸座　天鹅座
三角座　小狮座　英仙座　牧夫座　武仙座　后发座
北冕座　天猫座　天箭座　天琴座　海豚座　飞马座
巨蟹座　白羊座　双子座　宝瓶座　处女座（室女座）
金牛座　双鱼座　摩羯座　射手座（人马座）天蝎座
天秤座　小马座　小犬座　天鹰座　巨蛇座　长蛇座
麒麟座　猎户座　鲸鱼座　天坛座　绘架座　苍蝇座
山案座　时钟座　杜鹃座　圆规座　天燕座　飞鱼座
矩尺座　剑鱼座　堰蜓座　水蛇座　凤凰座　孔雀座
南极座　网罟座　天鹤座　南冕座　船底座　船尾座
罗盘座　船帆座　玉夫座　波江座　盾牌座　天炉座
唧筒座　雕具座　巨爵座　豺狼座　大犬座　天鸽座
乌鸦座　南鱼座　天兔座　六分仪座　印第安座
南三角座　望远镜座　南十字座　半人马座
显微镜座　狮子座　蛇夫座

当你仔细观察夜空中的星星时，就会发现它们三三两两地组成各式各样的图案。有的像三角形，有的像五边形，有的像帽子，有的像长蛇……古人，无论是中国人还是欧美等外国人，为了辨认星星方便，就按这种图案加上想象，给它们起了名字，叫做某某星座，比如三角座、御夫座、北冕座、长蛇座等。

我国古人也曾将可见的星空划分为三垣与二十八宿。现在国际上通行的是88个星座。我国各地由于所处的纬度不同，所见的星座数目也不相同。比如人们在北京地区约可看见67个星座，而在台湾省约可看见82个星座。

星座的名称大都出自古埃及和古希腊，其中不少与神话故事有关，比如仙王、仙后、仙女、英仙、猎户等。也有不少以动物来命名的，如大熊、小熊、大犬、小犬等。还有以工具来命名的，如圆规、矩尺、望远镜、显微镜等。后者是在17世纪航海发达后，才看见的南天上的星座。星座边界都以赤经与赤纬来划分，在星图上用虚点线来表示。星座有大有小，这是历史遗留下来的，没有什么科学道理。特别是巨蛇座占两块，隔着蛇夫座东边有一小块，西边有一小块。所以，星座将全天划分成了89块。

天上星星有明有暗，亮度各不相等。公元前2世纪，人们就将最亮的星星叫1等星，次亮的叫2等星，再次亮的叫3等星……肉眼勉强能看到的星为6等星。

18世纪的时候，天文学上就星等做了一个全世界统一的规定，即1等星的亮度是6等星亮度的100倍。这样，星等每差1等，亮度就相差大约2.512倍（$100\approx2.512^5$）。将这种星等的划分法往外推广，就有比1等星还亮的0等星，更亮的为-1等、-2等……牛郎星是标准的1等星，织女星为0等星，全天最亮的天狼星为-1.46等星。而比6等星暗的为7等、8等……目前世界上最大的天文望远镜可拍摄到23~24等亮的暗星。1980年美国发射的哈勃太空望远镜，可以观测到28等的暗星。我们肉眼观看的与照相所得的星等是不大一样的（肉眼对黄光最敏感），所以分别称为目视星等、照相星等。通常不加说明的指的是目视星等。

星星的名字是人们起的。最亮的星都有专名，如天狼星、牛郎星、织女星。比较亮或较暗的星就用希腊字母来表示。在一个星座中，最亮的星用α表示，次亮的用β表示，依字母顺序排列下去。希腊字母只有24个，星数超过24的，就用阿拉伯数字1、2、3……来标记，如天鹅61星、天鸽38星等。至于变星（亮度会变化的星），则又有它的一套命名规则。一般来说，在星图上用英文字母（如U、V、R之类）标记的星都是变星。我国古代也有一套记星的方法。所以同是一颗星，可以用中西两种方法，如天鹰α，中文名为河鼓二（民间称其为牛郎星）；天琴α，中文名织女一（民间称其为织女星）。

知识点

黄道星座

地球绕着太阳公转，一年转完一圈。地球公转时，从地球上看太阳，太阳在天球上、众星间缓慢地移动着位置，方向与地球公转方向相同，也是一年移动一大圈，叫做太阳的周年视运动。太阳周年视运动在天球上的路径，就是黄道。黄道经过88个星座中的13个，除了蛇夫座的一小部分之外，剩下12个分别是：双鱼座、白羊座、金牛座、双子座、巨蟹座、狮子座、室女座、天秤座、天蝎座、人马座、摩羯座、宝瓶座，统称为黄道十二星座。

北斗七星与北极星

在我国，许多人都认识北斗七星，因为它们比较亮，形状很有规则，又时常可见到，所以容易找，而且找到它又可以进一步找到北极星。北极星一年到头处在正北的方向，所以找到北极星就知道方向了。无论是狩猎或航海，北极星可以说是我们的“领路人”。

北斗七星由4颗星组成一个近似于四方形的斗盒，由3颗星组成斗柄。它们的名字依次为天枢（α）、天璇（β）、天玑（γ）、天权（δ）、玉衡（ε）、开阳（ξ）和摇光（η）。有时也简称为北斗一、北斗二至北斗七。

北斗七星在我国史书上就有记载。古人夜间看天文，就说“夜观星斗”，把“星”都带上“斗”，叫“星斗”。在民间有许多七星宝剑、七星刀上都画有它的形状，还有七星石、七星庙之类，流传很广。

古时候，欧洲国家的人把北斗七星想象为一只笨重的大熊，称它所在的星座为大熊座。

将北斗斗盒边上的两颗星（天璇、天枢）连成线，再延长约5倍的地方（应称为“天方”）有一颗同它们一样亮的星，就是北极星了。现在的北极星为小熊座α星。它与周围的几颗暗星也组成一个小的斗勺形。北极星就在斗柄的尾端上。

唐玄宗和杨贵妃

北斗七星中除了天权为3等星外，其余都是2等星。小熊座中只有α星

（北极星）与β星为2等星，其余都为3、4等星。

北极星似乎是天穹的中心，而众星拱卫着它。所以北斗七星也在围绕着北极星旋转，差不多一昼夜转一圈。这是天体的“周日运动”。此外，北斗七星还在一年中旋转一圈，这叫做“周年运动”。由于这种视运动，在不同的季节，人们看见的北斗七星的方位就不一样。我国汉代有一本叫《鹖冠子》的书，书中写有“斗柄东指，天下皆春；斗柄南指，天下皆夏；斗柄西指，天下皆秋；斗柄北指，天下皆冬”。这就是说，在黄昏后不久，如果我们看见北斗七星的斗柄指向东方，那就是春天来到了；如果看见斗柄指向南方，那就是炎热的夏天来到了；而斗柄指西、指北，就是秋、冬来临了。这几句话至今仍可应用。由此可知，认识天上的星星，就能分辨出季节来。

知识点

周日运动

周日运动亦称周日视运动，是描述地球上的观测者每天观测到天空上的天体明显的视运动（反映天体真运动的一种表面现象）状态，在近极区尤为明显。这是由于地球绕轴自转导致的，使得所有天体都绕着这个轴（从观测者眼中即绕着北极星）作圆周运动，这个圆圈称周日圈，完成一圈运动需时23小时56分4.09秒（即一整个恒星日）。日、月的东升西落也是周日运动的体现。

蛇夫座和巨蛇座

蛇夫座和巨蛇座位于银河西侧，属于夏季星座。

蛇夫座和巨蛇座在夜空中构成了一个蛇夫双手捉巨蛇的形象。这个勇敢的蛇夫就是古希腊神话中为民治病、解除民间疾苦的神医阿斯克勒庇俄斯。他是太阳神阿波罗的儿子，贤明的马人齐龙（人马座）的学生。他从师学医，医术高明，治好了无数病人，使死去的人越来越少。这样一来，气坏了冥王普赛东。一次，正当这位神医救活被毒蝎刺伤的猎人奥利安（猎户座）时，普赛东气急败坏。宙斯为维护神族的和睦，用雷电击毙了阿斯克勒庇俄斯和奥利安。阿斯克勒庇俄斯死后升天为蛇夫座。神医怎么会变成蛇夫呢？原来希腊人把蛇蜕皮看做是恢复青春，医生的工作也是使人起死回生，因此，希腊人把医生跟蛇联系在一起。

蛇夫座是一个庞大的星座，也是唯一位于黄道又不属于黄道的星座。蛇夫座中有颗著名的巴纳德星，它是仅次于半人马座 a 星的离太阳系最近的恒星。在它的周围有几颗以不同周期绕转的星，有人猜测，这些星中若有类似地球的行星，或许还会有智慧生命呢。

蛇夫座将巨蛇座拦腰截断，使巨蛇座成为全天 88 个星座中唯一被分为两部分的星座：蛇身位于蛇夫座以西；蛇尾位于蛇夫座东南侧。

长蛇座和巨爵座

全天 88 个星座中长度最长、面积最大的星座是长蛇座，它头顶巨蟹座，尾扫天秤座，竟然横跨 1/4 天际。

长蛇座是希腊神话中的大英雄海格力斯的又一座丰碑。相传长蛇座是水蛇精许德拉的化身。这条蛇精有 9 个头，9 张口毒气齐喷，危害无比。如果砍掉它的一个头，立即会长出两个头来，凶猛倍增。盖世英雄海格力斯消灭了狮子精后，又与他的侄子伊俄拉俄斯一起去寻找水蛇精，为民除害。为防止水蛇精的头不断成倍长出，他们采取了一个妙计：每当海格力斯砍掉一个蛇头，伊俄拉俄斯马上用火烧焦蛇精颈部的伤口，使蛇头长不出来。凭着无比的勇气和智慧，他们终于消灭了水蛇精。为纪念海格力斯的功绩，宙斯将这条水蛇精升上天空，每当人们看到这条长长的长蛇座时，就会怀念这位勇斗水蛇精的英雄海格力斯。

观测长蛇座时，我们还会发现，这条“蛇”的背上似乎扛着一个深重的大钵，这个“钵”就是巨爵座。“蛇”的尾部有一只“乌鸦”（乌鸦座），正在不断地啄着，人们猜想一定是它的亲人曾惨遭过长蛇精的毒害，此刻在报仇吧。

值得一提的是，长蛇座虽然其长无比，却没有一颗耀眼的星，只有一颗放射红光的二等亮星星宿一（即长蛇a座），长蛇座的心脏就是星宿一。由于星宿一四周没有其他亮星，孤零零地一星独处，因此，阿拉伯人又形象地称之为“孤独者”。

大犬座与小犬座

全天最亮的恒星是天狼星的主座，就是冬季南天夜空中的一个小星座——大犬座。整个星座如同一只飞奔的猎犬，扑向它西侧的天兔座。大犬座内共有122颗六等以上的恒星。天狼星恰在猎犬的鼻尖上。猎犬的腹部也有一颗明亮的星，它是亮如一等星的大犬座ε星，我国称之为弧矢七；大犬β星则位于猎犬的一只脚上。整个星座虽小，却十分明亮，尤其是璀璨的天狼星，更使大犬座引人注目。

古希腊神话传说中，大犬座是猎人奥利安的爱犬西里乌斯的化身。奥利安不幸被自己的情人——月神阿耳忒弥斯误杀后，猎犬西里乌斯十分悲伤，终日不吃不喝，悲哀地吠叫，最后饿死在主人的屋里。天神宙斯深受感动，将这只猎犬升到天上，成为大犬座。大犬座紧跟猎户座之后，以表示西里乌斯对主人的忠诚。

宙斯唯恐猎犬西里乌斯在天上生活寂寞，找了只小狗与它为伴。这只小狗就是闪耀在大犬座北面的小犬座。

小犬座内肉眼能看到的星星很少，但小犬a星（我国称为南河三）却是一颗一等亮星。南河三与猎户a星（参宿四）、大犬a星（天狼星）构成一个巨大的等边三角形，十分醒目地悬挂在夜空中，这就是著名的“冬季大三角”。

猎户座、金牛座

冬季黄昏后，人们在南偏东的天空上，可以看到著名的猎户座。

猎户座的亮星排成一个竖着的巨大的长方形。左上角的红色亮星（猎户

α）叫参宿四，右下方的蓝色亮星（猎户β）叫参宿七，在巨大长方形的中部，有3颗亮星（猎户δ、ε、ζ）排列整齐，由南往北是参宿一、参宿二与参宿三，即民间常说的“三星”。俗话说：“三星高照，新年来到”，就是每当黄昏后看见猎户三星高高挂在正南方的天空上时，农历的春节就来到了。这再次说明，星星与人们的生产、生活有着密切的关系。

仔细观察猎户三星的下方，有一团模糊的云雾状斑点，它就是著名的猎户座大星云，代号为M42。这座星云是由气体与尘埃组成的，直径达19.17光年。气体尘埃为什么会发光呢？这是因为在它的附近，有不少高温（表面温度高达20 000℃的蓝星）的恒星。高温星光激发气体尘埃发光，所以猎户座大星云的光是一种激发光。

在全天88个星座中，拥有亮星最多的是猎户座。它有2颗一等星，5颗二等星，3颗三等星和15颗四等星。这些灿烂的明星使猎户座成为全天最华丽、最明亮的星座。

这个冬季最壮丽的星座也有一段动人的神话传说：海神波赛东的儿子奥利安是个出色的猎人，他每天带着心爱的猎犬西里乌斯去打猎。一天，他和太阳神阿波罗的妹妹、美丽的月神阿耳忒弥斯相遇，两人一见钟情，但是阿波罗却不喜欢这个猎人。有一天，兄妹俩同在天空巡视时，阿波罗看见奥利安正在海中游泳，头露出海面，像块黑色的礁石。阿波罗故意夸赞妹妹的箭法好，让她射海中的“黑礁石”。结果，阿耳忒弥斯上当，一箭射死了自己的心上人奥利安，月神悲痛欲绝。宙斯十分同情这对恋人，答应了月神的请求，将奥利安升到天上，置于群星中最显耀的位置上，成为猎户座。

在猎户座的东南方有一颗冠盖全天的亮星，名为天狼星（大犬α）。天狼星位于猎户座中部三星连线的延长线上，与周围的几颗亮星组成一只狗的形状，所以称为大犬座。在它的北方，有小犬座，其第一亮星（小犬a）中文名为南河三。南河三、天狼与参宿四三者组成冬夜星空中的大三角形。

传说大犬座的星星，原来是猎户奥利安的爱犬，名为西里乌斯。大犬座中那颗最亮的星，就叫西里乌斯，我们称之为天狼星。

在天文学上，天狼星也是一颗很有名的星星。

天狼星是全天最明亮的恒星，星等为-1.5等。天狼星在古埃及时，对人们的生活起过很大的作用。那时的埃及人，只要在早晨时看见天狼星从东方出现，就知道尼罗河快要泛滥成灾了，应该准备防洪或者迁移了。因为天狼星在7月中旬时很接近太阳，当时是炎热的夏天，雨量多，尼罗河常常发生大水灾。古人就是从经验中发现了天狼星与河水泛滥的关系。正是由于古人对天狼星的观测与研究，古埃及天文学产生了，并逐渐发展起来。

由于天狼星的运动有点不规则，人们猜测它的旁边可能有一颗未见到的暗星。后来在1862年果然用大望远镜发现了，可惜这颗星很暗弱，又很小。它的体积跟我们地球差不多，但质量却为地球的30万倍，平均密度大得惊人！如果从它上面取出一小汤匙的物质，就重达1吨！后来的研究表明，这种高密度的天体，是一种“白矮星”，白矮星是恒星演化到后期的产物之一。有不少恒星，到“年老”后，都演化为白矮星。

金牛座的金牛

在猎户座的右上方有一颗火红色的亮星，名为毕宿五。毕宿五为金牛座第一亮星（α星），为1等星，距离为60光年。金牛座的一些星密集成一个小的锐角，容易辨别出来。在金牛座中有一团星星，那是昴星团，民间称之为“七姐妹星团”。星团就是许多恒星组成的集团，因引力而聚集在一起。星团按其结构分为两类：疏散星团与球状星团。比较密集成团的为球状星团（如武仙座的球状星团M13），比较散开的为疏散星团。七姐妹星团就是一个典型的疏散星团，眼力好的人可以看出里面有6颗星。在我国古代，传说有一个“七仙女”，因爱慕勤劳的孝子董永而下凡，所以七姐妹只剩下6个了。实际上，这个星团约有300多颗星，它到我们这里的距离约为420光年。

冬夜虽然很寒冷，但是天上的亮星却特别多。在猎户与金牛座的北方也有一颗1等星，中文名五车二（御夫α）。御夫座的亮星组成一个大的五边形。我国古代人将它们想象为一个大车轮，叫五车星官。

五车二距离我们约有40光年，它比太阳大2 700倍。但是，它并不是最

大的星。在五车二的附近，有3颗小星（η、δ、ε）组成小三角形，其中靠北的一颗（御夫£ ）叫做柱二。柱二是一颗双星，其中有一颗子星非常庞大。根据估计，这颗星的“肚子”里可装得下200多亿个太阳。另一颗子星也是很大的，直径约为太阳的几百倍。像柱二这么巨大的星，统称为“超巨星”。超巨星的体积虽大，但质量并不大，一般跟太阳质量差不多。因此，超巨星的平均密度极小，甚至只有水密度的千万分之一。或者说，超巨星的平均密度比地球大气的平均密度要小几万倍，简直就是“真空”了。

知识点

亮　星

天空中肉眼可见到的星6 974颗，其中有一等星20颗，二等星有46颗，三等星134颗，四等星共458颗，五等星有1 476颗，六等星共4 840颗。亮星为1等，更亮的为0等以至负的星等。天狼星为 -1.5 等，太阳是 -26.8 等，金星最亮时可达 -4.4 等。

狮子座、室女座

春天的黄昏后，在东南天空上你会发现巨大的狮子座。

狮子座是12个黄道星座之一，位于室女座和巨蟹座之间，是春季夜空中一个壮丽的大星座。以牧夫座最亮星大角和室女座最亮星角宿一为顶点，向西做一个等边三角形，在另一顶点，我们会看到一颗二等亮星，它就是狮子座的β星（又叫五帝座一），构成了狮子的尾巴尖。

相传，狮子座原是一头凶猛的狮子精，全身刀枪不入，吼叫声震天动地。它住在宙斯神殿附近尼米亚山谷，常常下山危害人畜。天神宙斯的儿子海格力斯神力无比又十分勇猛，他为民除害，最终杀死了狮子精。为纪念这位盖世英雄，宙斯把狮子精升到天上，狮子座从此成为英雄海格力斯的丰碑。

今天，给狮子座带来荣耀的不仅是古希腊神话中英雄的业绩，还有壮观无比的狮子座流星雨。每隔33年，我们就可以看到从狮子座的流星辐射点喷

狮子座（艺术绘画）

射的流星雨，壮观宏大，犹如节日的焰火一般。

狮子座的亮星构成两个图形，西边的几颗星组成一个弯弯的镰刀形（或像个反写的问号）；东边的3颗组成一个三角形。西边的那颗最亮星（狮子α）中文名为轩辕十四，是1等星。东边的那颗亮星（狮子β），中文名为五帝座一。古希腊人将这部分星星想象为一只巨大的狮子，头在西，尾在东。

轩辕十四为全天21颗最亮星中的一颗，星等为1.3等。它是“航海九星”（毕宿五、北河三、北落师门、角宿一、心宿二、河鼓二、室宿一、轩辕十四、娄宿三）之一，经常航海的人们常依据九星的位置来判定船舶的航向。这些亮星起着近海的航标灯的作用。应用亮星的天文导航，不仅在古代用过，现代也常用到，因为它的保密性好。使用无线电导航，有时会受到干扰或破坏。天文导航在星际航行中又是不可缺少的，比如宇宙飞船从地球飞向月球，在旅途中就得用亮星来导航。

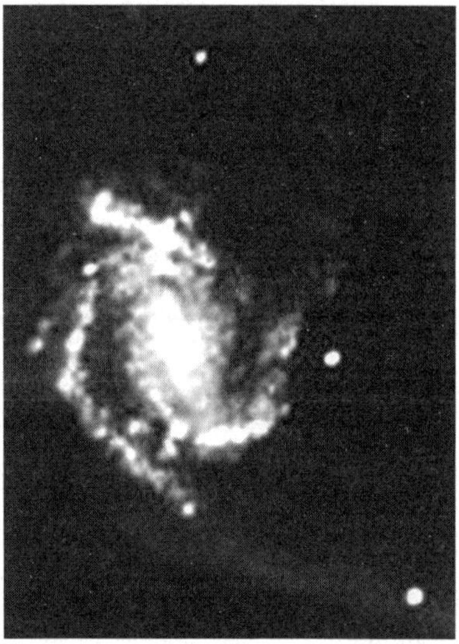

室女座

春夜星空中还有一个重要的星座是室女座，它位于狮子座东边。室女座中有4颗亮星（α、γ、ε、ζ）组成一个菱形。最亮的星（室女α）中文名角宿一，是1等星。其余3颗为3等星。角宿一与狮子座的五帝座一、牧夫座的大角星组成一个巨大的等边三角形，成为春夏之交时，星空上的一大标志。

古希腊神话中，有位深受人们尊敬和爱戴的女神得墨忒耳。她是众神之王宙斯的姐姐，掌管植物和谷物生长的农业女神，同时也是主管真理和正义的女神。全天面积仅次于长蛇座的大星座——室女座，就是这位慈惠女神的化身。在古代人世间有善有恶，室女对恶势力深恶痛绝，对善良的人则尽力扶助。所以古代的天文学家给室女的域像为：她一手执刀对付邪恶，另一手拿着麦穗，象征给善良的人以和平与幸福；并且赋予她一对翅膀，好让她巡视世间各地，惩恶扬善。

在室女座的西侧是天秤座，据说是室女用来称量善恶的天秤。

室女座里有一个庞大的星系团，它含有类似我们银河系那么大的星系2 500个，这个著名的室女座星系团虽说是离我们最近的星系团之一，实际上离我们十分遥远，约有数千万光年。尤其近年来，天文学家发现，室女座星系团正以每秒1 150千米的速度远离我们地球而去。可是，它要奔向何处？是什么吸引着它？至今仍是个疑团。

明亮的武仙座

顺着北斗星的斗柄曲线方向向西南延伸，会看到一颗橙黄色的亮星，即牧夫座的大角星。由大角星向织女星引出一条直线，途中会遇到两个星座。第一个是北冕座，这是一个由7颗星组成的半环形小星座。第二个就是靠近织女星的武仙座。

武仙座是夏季夜空中一个庞大的星座。武仙座中有相当多的三等星和四等星，所以，尽管它一颗二等以上的亮星也没有，却仍旧显得很明亮。新近发现它有一对迄今宇宙中最红的天体。

武仙座中，有一个著名的M13球状星团。它是由30多万颗星星密集而成的一个巨大球体，直径为35光年，亮度相当于四等星。1934年，武仙座中有一次新星爆发，十分耀眼，亮度曾达到一等。

武仙座是古希腊神话中的盖世英雄海格力斯的丰碑。传说海格力斯是天神宙斯和密刻奈王妃阿尔克墨涅的儿子，是一位威力无比的英雄。他一生做出了许多伟大业绩，最受人们称道的主要有消灭狮子精、铲除水蛇怪和大毒蟹等。他还去解救过为人类盗取天火火种的普罗米修斯。海格力斯死后，宙斯怀念这个英勇无比的儿子，便封他为神，将他升入天空，成为武仙座。

“兄弟星座”——双子座

相传，天神宙斯和勒达有一对孪生子。哥哥叫卡斯托尔，弟弟叫波吕丢克斯。兄弟二人形影不离，亲密无间。不幸的是，哥哥在一次混战中不幸身亡，弟弟悲痛万分，请求父王宙斯让他们兄弟俩永远生活在一起。宙斯爱怜这对兄弟，答应了他的请求，将他们一起升到天上，成为双子座。

双子座是12个黄道星座之一，它位于猎户座东北方，与位于银河之西的金牛座隔河相望。星座中有两颗亮星紧紧相靠在一起，显得十分亲热，这就是分别象征宙斯的双生子卡斯托尔和波吕丢克斯的头部的双子α星（北河二）和双子β星（北河三）。300年前，双子α和双子β的亮度不相上下，而现在弟弟北河三仍是一等星，哥哥北河二却降为二等星，或许是哥哥受过重伤的缘故吧。

双子座中有一个流星群，辐射点在双子座α星附近，每年12月11日前后流星雨会从那里出现。流星雨爆发时，一颗颗流星飞过天幕，犹如光芒四射的银链，十分壮观。

“盘旋的巨龙”——天龙座

在北天夜空的大熊座、小熊座和武仙座之间，有一个如巨龙般呈S状盘旋于空中的星座，叫天龙座。

古希腊神话传说，天神宙斯和神后赫拉结婚时，众神都带来贺礼献给这对新婚夫妇。该亚从海洋西岸带来一株结着许多金苹果的树作为礼物。夜神的4个女儿奉命看守栽种金苹果树的果园，还派了一个永不睡眠的长着100个头、口喷火焰的巨龙协助看守。一生完成过12件冒险的英雄壮举的海格力斯，他的第11件冒险就是夺取3个金苹果。海格力斯找到正在赎罪、背负着天的巨神阿特拉斯，答应代替阿特拉斯背负着天，条件是让巨神引诱巨龙入睡并杀死它，再用计骗过女仙们，摘取 3 个金苹果带回来。阿特拉斯依计取得了金苹果，尝到了自由的快乐，不愿再背天了。海格力斯又设计，让巨神重新背上天，自己带着金苹果胜利而归。后来，神后赫拉把百头巨龙升上天空，成为天龙座。

天龙座尾巴上的 α 星，我国称其为右枢。4 000 多年前它曾是北极星。传说古埃及的金字塔塔底修筑的一条百米长的隧道，就是对着天龙 α 星挖掘的，古埃及的祭司们就从隧道里观察当时的北极星。而现在，天龙 α 星是颗比天龙 β 星和 γ 星都要暗的 4 等巨星。

20 世纪以来发生的最大的流星雨，就是著名的天龙座流星雨，它持续时间长达 4 小时，极大时每小时流星数在 5 000 颗以上。

天鹰座、天鹅座、天蝎座

天神之王宙斯的女儿赫珀嫁给大英雄海格力斯后，赫珀给神宴斟酒添水的差事需要一个接替的人，于是宙斯便化身为一只鹰飞到大地上，抓来了一个叫甘尼美德的美少年充当神宴的侍者。宙斯的化身大鹰被宙斯留在了天上，成为天鹰座。这是古希腊神话中有关天鹰座的传说。

天鹰座的拉丁语为 Aquila，简写为 Aql。

天鹰座位于天鹅座和天琴座的南边。其中亮度六等的恒星有 70 颗，四等星 6 颗，三等星 5 颗，第一亮星天鹰 α 是我们熟悉的牛郎星。它是一颗亮度为 0. 77 等的白色主序星，距离我们 16 光年。它又是一颗快速自转的恒星，约 7 小时自转一周，而我们的太阳，自转周期平均约为 27 天。

天鹰座在我国传统的星官中相当于河鼓、右旗、天桴、天弁等。古阿拉伯人把天鹰座和天琴座看做是两只雄鹰。欧洲人称天鹰座 α 星为“飞鹰”，天琴座 α 星则是“落鹰”。

目前，天鹰座是个新星多发区，1918 年曾出现过一颗仅次于全天最亮的天狼星亮度的新星——天鹰座 V603。

在天琴座与天鹰座之间，是天鹅座。古人将它想象为一只飞翔在天河之上的大天鹅，它的脖子伸在牛郎星与织女星的中间。天鹅座的第一亮星（α）

叫做天津四，天津四位于天鹅的小尾巴上。

天鹅星座的拉丁名是 Cygnus，简写为 Cyg。意为天鹅。

在希腊神话传说中，天神宙斯为公主勒达的美貌所吸引，但怕生性嫉妒的神后赫拉愤怒，并且若以自己本来的形象出现很难诱动这纯洁的少女。于是，他便想出一条诡计，变形为一只天鹅。一天，勒达正在一个小岛上游玩，忽见从白云间飞下一只天鹅，它是那样美丽可爱，毫不怕人，任凭勒达抚摸和搂抱。它的羽毛洁白，身体柔软，勒达爱不释手，心中充满陶醉与兴奋，不知不觉竟抱着天鹅进入了梦乡。她醒来时，天鹅恋恋不舍地离开了她，展开强壮的双翅飞向天空。勒达回到王宫后身体感到不舒服，不久发现自己竟怀孕了。等到十月怀胎期满，生下一对孪生子，就是后来成为双子星座的希腊英雄卡斯托尔和波吕丢克斯。后来，勒达遵从父王之命，嫁给了斯巴达国王廷达瑞俄斯，又生了两个女儿，一个叫吕泰涅斯特拉，嫁给了特洛伊战争中希腊人的最高统帅阿伽门农；一个叫海伦，嫁给了阿伽门农的弟弟墨涅拉俄斯。宙斯回到天庭后，非常高兴，为纪念这次罗曼史，就把他化身的天鹅留在了天上，成为天鹅星座。

夏秋季节是观测天鹅座的最佳时期，每年 9 月 25 日 20 时，天鹅星座升上天，有趣的是，天鹅座由升到落真如同天鹅飞翔一般：它侧着身子由东北方升上天空，到天顶时，头指南偏西，移到西北方时，变成头朝下、尾朝上，没入地平线。

天鹅座的尾部，有一颗一等亮星天津四。在天津四的东西方不远处，就是除太阳外离地球最近的第 13 位恒星——天鹅座 61 星。它离地球约 11 光年，人们在晴朗的夜空可以看到它。

在我们观赏天琴、天鹰两个星座的时候，不妨将视线顺着银河往南，就可以看见一组亮星排列成像蝎子似的，头朝西、尾朝东，爬在南方地平线之上，那就是天蝎座。中间的那颗火红色的亮星是 1 等星，名为天蝎 α（中名心宿二），又叫“大火”。这是一颗红色的巨星，它的直径为太阳的 640 倍，按体积来说，心宿二比太阳要大 23 亿倍！可是因为距离地球很远（约为 500 光年），所以古人把它看成一个光点子。

心宿二在古代被称为“大火”。据说在春秋战国以前，就设有“火正”的官，专门来观测大火的出没与运行，以便定出农业生产的季节来。我国古

书《夏小正》（约成书于战国时代）中，就记载有“七月流火”、“季夏昏火中”。就是说黄昏时，如果看见大火在南方中天，就是夏季了。我国古代就是按照星星的出没与方位来确定一年四季的。可见，研究星星的天文学与我们的生产、生活密切相关。

知识点

主序星

在赫罗图（赫罗图是恒星的光谱类型与光度的关系图）上，恒星的分布不是散乱的，而是集中在几个区域内。最显眼的是自左上角到右下角沿对角线的一条窄带，大多数恒星，包括太阳都分布在从左上至右下的这一条对角线上，这条对角线被称为主星序，主星序上的恒星就被称为主序星，主序星都处于一生中的氢燃烧阶段。

仙女座、仙王座、英仙座

在秋季黄昏后不久，我们抬头可看见由 4 颗星组成的一个巨大的正方形星座，通常称之为“飞马四方形”。因为这一片天区是飞马座的，可惜这 4 颗都是 3 等星，不那么出名。飞马四方形中东北角的那颗星不属于飞马座，而属于仙女座（为 α 星），它名为壁宿一。由壁宿一向东北方有 4 颗亮星排成一直线，这个天区就是仙女座了。在仙女座中有一团模糊的云雾状天体，名为仙女座大星云，或代号为 M31（梅西耶星表中的第 31 号天体），这是我们肉眼勉强可看见的巨大的恒星系，距离我们约有 220 万光年。

仙女座的东边，有一组星排成“人”字形，那就是英仙座了。英仙座中最亮星（α）称为天船三（2 等星），次亮星（β）名为大陵五。大陵五是一颗闻名的变星，西方是一种很有规则的变星（前文已经讲过）。

在仙女座与英仙座的北边有仙王座与仙后座，它们组成了天上的王族一家：仙王、仙后、仙女、英仙、飞马和鲸鱼。仙王座是王族星座之首，全年都能看到，秋季最为耀眼。传说，仙王座是希腊神中埃塞俄比亚王刻甫斯的化身。

仙王座的位置在银河北侧。仙王座内几颗主要的亮星组成一个“扁五边形”图案，半浸在银河中。除了北极星自身所在的小熊座外，仙王座是离北极星最近的星座。

仙女座星系及其卫星星系

在仙王的鼻尖上有一颗最亮时呈白色、最暗时呈黄色的著名变星，叫造父一。它是一颗典型的高光度的“脉动变星”，以5.37日的周期收缩和膨胀着，亮度也随之发生变化。造父一的直径比太阳大30倍，密度只是太阳的6/10 000。它在收缩和膨胀时，直径相差500万千米。

传说，珀耳修斯是古希腊神话中的大英雄，他是天神宙斯的儿子。他答应了智慧女神雅典娜的要求，决定杀死怪物墨杜萨，为民除害。墨杜萨的每根头发都是毒蛇，最可怕的是她的那双眼，看一眼谁，谁就会变成石头。珀耳修斯用智慧女神借给他的闪亮盾牌，机智地战胜了墨杜萨，割下了她的头。在返回的路上，恰遇海怪要加害公主安德洛墨达（仙女座)，便用墨杜萨的头将海怪变成了石头，救了公主，后来与公主结了婚。珀耳修斯把墨杜萨的头献给了雅典娜，女神也实践了自己的诺言，将珀耳修斯升到天上，成为王族星座的成员之一，即英仙座。

英仙座是银河附近最美丽的星座之一。英仙座有一个明显的弯弓形状，人称“珀耳修斯之弓”。传说中，珀耳修斯一手举弓，一手提着墨杜萨的头，英武气概横贯长空。由英仙头盔部经肩膀伸向宝剑部分，有8颗星，构成一个船形，我国古代称其为“天船”。

英仙座中有一颗最亮的变星。古代人不知道它忽明忽暗的原因，所以称它为“魔星”。它就是著名的交食双星——大陵五，即英仙座β星。

传说，衣索比亚王国的国王西浮斯（仙王名）有一位美貌的王后，名叫衣索比亚仙后，她有一天夸口说，天下没有比自己更美丽的人了，因此激怒了海神。海神扬言，如果不将公主安德洛美达充当祭品，就要毁灭整个王国的人民。善良无私的公主为了拯救百姓，为了祖国的安宁，愿意献出自己的生命。于是国人将公主锁在海边的大石头上，等待海神派的海怪来吞食她。

海神扬起的海水汹涌而来，巨大的海怪顺水游过来要吃掉公主。就在这万分危急的时候，突然从天上降下一位英勇的青年，手里带着一个妖魔（墨杜萨）的头颅，他就是英仙珀耳修斯。在他看清了情况后，立即用妖魔的头给海怪看，海怪一看就化为石头了。原来任何人、兽只要看一眼妖头就会立即化为石头。英仙用宝剑砍掉了铁链，救出了公主。不久海水也就退去了，整个王国保住了。百感交集的国王与王后为了报答珀耳修斯的恩情，决定将公主嫁给珀耳修斯，于是珀耳修斯成了王族的一员。后来，王族一家被天神宙斯提携到天上，成为仙王座、仙后座、仙女座与英仙座。

因为王后对自己的过错懊悔至极。所以，当她升天为仙后座后仍双手高举，弯腰弓背，深表悔过之意。

仙女座星系图

将北斗七星的“天极”和北极星的连线向南延伸约相等的长度，便可看到一个由3颗二等星和2颗三等星构成的开口朝向北极星的“W”形状，这就是仙后座。它是一个可与北斗星媲美的星座，其中可以用肉眼看清的星星至少有100颗。

公元1572年，曾有一次超新星爆发，这颗明亮的新星白天都可看见，有时甚至比金星还亮。3周后亮度急速减弱，两年后，肉眼已看不见它的踪影。这颗神秘的新星就发生在仙后座上。20世纪50年代，天文学家在这颗消失的星星位置上，意外地收到了一个强大的射电源，它正是这颗销声匿迹达280年之久的超新星的残余。

知识点

星　等

星等是衡量天体光度的量。在不明确说明的情况下，星等一般指目视星等。为了衡量星星的明暗程度，天文学家创造出了星等这个概念。星等值越小，星星就越亮；星等的数值越大，它的光就越暗。星等数每相差1，星的亮度大约相差2.5倍。整个天空肉眼能见到恒星约6 000多颗。将这些星分为6等，肉眼刚能看到的定为6等星，比6等亮一些的为5等，依次类推。

北方最明亮的星座——大熊座

北方天空中有个最明亮、最重要的星座，它就是著名的北斗七星的栖息地——大熊座。这是一个地球上一年四季都能看到的大星座。

据古希腊神话传说，大熊座是天后赫拉妒火的牺牲品。这只在空中终年奔走的大熊，原是个美丽温柔的少女，名叫卡力斯托，远近的王公贵族，争相向她求婚。天神宙斯爱慕她的美貌，与她生下了儿子阿卡斯。宙斯的妻子赫拉知道后，妒火中烧，施展法力惩罚卡力斯托。可怜的卡力斯托瞬息间变成了一只狰狞可怕的大熊：白皙的双臂变成长满黑毛的利爪，娇红的嘴唇变成了血盆大口。这样卡力斯托只得躲在深山老林中过着凄凉的生活。宙斯怜惜因他受害的卡力斯托，将大熊升上天，成为大熊星座。

大熊座有100多颗肉眼可见的星星。其中有6颗二等星，都分布在“北斗”上。北斗七星的斗柄构成了大熊的长尾巴，斗勺的四颗星是大熊的身躯，另一些较暗的星构成了熊的头和脚。春季黄昏后，这只大熊倒挂在空中，尾巴指东，所以，我国人民把大熊座看成是报春的星座：熊尾指东，春替隆冬。

大熊星座中有一颗著名的双星，我国古代称它们为开阳星和辅星。在晴朗的夜晚，如能用肉眼看到开阳星旁的辅星，就可达到视力检测中的1.5，所以这颗双星常被人们用来检测视力。

与大熊座相依相偎的小熊座

在北半球高纬度地区的上空，有一个偎依在大熊星座身旁的永不落的小星座，这就是小熊星座。

古希腊神话中，小熊星座是受宙斯的妻子赫拉所害而变成大熊的卡力斯托的儿子——阿卡斯的化身，阿卡斯是宙斯的儿子。卡力斯托化为大熊后，转眼间15年过去了，英俊少年阿卡斯成为了一个出色的猎手。一天，阿卡斯在林中打猎，已成熊身的卡力斯托看见离别15年之久的儿子，激动得忘记了自己是只熊，竟伸开双臂要拥抱阿卡斯。阿卡斯不知此熊就是自己的生身母亲，慌忙举起猎枪，准备射击朝自己扑过来的熊。就在这千钧一发之际，阿卡斯的父亲、天神之王宙斯在天上看见了，他不愿亲子弑母的惨剧发生，于是使法术把阿卡斯变成小熊，让母子俩成为同类得以相聚，后来又将母子俩一起提升到天上，成为大熊星座和小熊星座。心胸狭窄的赫拉见母子二熊都升入空中，相偎相依，亲情无限，更是嫉妒之极，进一步加害可怜的母子：她让自己的哥哥——海神波赛东不许卡力斯托母子下海喝水，母子俩只好终年待在天上，这就是为什么大熊星座和小熊星座永远在北极上空转圈，不能落到地平线下的神话解释。

小熊星座中最亮的α星就是著名的北极星，它率领着其他27颗6等以上星星组成小熊星座。小熊星座中有一个明显的类似北斗七星的小勺，是北极星与6颗2~4等星构成的，成为小熊的身躯和尾巴。北极星就在熊尾的末梢。与北斗七星这只大勺不同的是，小熊星座的勺不仅小，其形状和勺柄弯曲方式也自成一体。

因为小熊星座靠近北天极，所以地球北半球的大部分地区一年四季都能看见它。

相距遥远的牛郎星与织女星

在夏天的夜晚，只要没有月光，就可以看见横跨天空的一条白茫茫的光带，那就是银河或称天河。传说，在天河的两岸有一对“恋人”，那就是牛郎和织女。关于牛郎和织女的故事和传说，在我国有很多，并且人们还将其编成戏剧与电影来演出。

自古以来，牛郎和织女的神话故事，几乎是家喻户晓的。人们都在颂扬他们坚贞的爱情，学习他们敢于反抗封建制度的勇敢精神。

由于是民间故事，因此，这个故事在流传中有好几种不同的说法。

传说，天上有个织女，她是天帝的孙女，容貌出众，心灵手巧。她喜爱劳动，日日夜夜忙着织布。牛郎是人间一个贫苦家的孩子，织女看到他为人忠厚、善良、勤劳节俭，就私自下到凡间，同牛郎结婚成家。他们过着男耕女织的幸福生活，并生下一儿一女。可是好景不长，天上的王母娘娘知道织女私自下凡间，就派天兵天将，把织女拉回天宫。牛郎知道后，立即挑着两个孩子去追赶，眼看快追上了。王母娘娘突然拔下头上的金钗一划，立即出现一条天河，将牛郎与织女隔开了。从此，牛郎在河的东岸落户，而织女在河西。后来，织女思念牛郎和孩子，天天啼泣不已。玉皇大帝认为不让他们相会，实在是太残酷无情。所以，玉帝就决定在每年的农历七月初七（称“七夕”）让他们渡河相会一次。七月初七晚上有无数喜鹊在天河上架起一座“桥”，让牛郎、织女相会，又称“鹊桥相会”。

这样的神话故事很动人，但毕竟不是事实。以牛郎与织女命名的两颗恒星，相差很大。织女星的体积庞大，约为太阳的16倍，而牛郎星的体积只有太阳的4倍。就亮度来说，织女星比牛郎星要亮得多。织女星的光度大约是太阳的50倍，而牛郎星的光度只有太阳的11倍。此外，织女星的表面温度高达1万多摄氏度，而牛郎星的表面温度仅8 000℃左右。假如两颗星相近，牛郎星可能早就被织女星熔化了。

在晴朗的夏夜，织女星是最容易找到的。它是北部天空最明亮的恒星，星等为0等，织女星为天琴座α星。它与旁边的两个暗星组成一个小三角形。在其下方又有几颗星组成一个歪斜的平行四边形或菱形。传说这个菱形，就是织女织布时用的梭子。

隔着银河，东岸边有牛郎星。牛郎星为天鹰座α星，1等星。牛郎星两边有两颗小星叫扁担星，他们是牛郎织女故事中两个小孩的化身。由此往下看，有几颗星组成一个大的锐角三角形，居中的那颗η星（中名为天桴四）亮度不断在变化，是一颗变星。它的亮度由暗（约4.4星等）到亮（约3.7星等）再到暗的时间间隔约为7.2天（或说变光周期约7.2日），准确些是7日4小时14分18.24秒。天桴四变星的亮度变化是由于恒星体积的胀缩而引起的，在体积增大最快时最亮。在体积收缩时就暗些。此类变星像人体的脉搏跳动似的，所以统称为“脉动变星”。

牛郎星距离我们约有 16 光年（光年是光在一年中走过的距离，约为 10 万亿千米），织女星的距离约为 27 光年，它们之间的距离也有 16 光年。假如牛郎给织女打个无线电话，也要经过 16 年才可送达给织女。而织女马上回话，当信息传到牛郎耳中时，时间已经过去 32 年了。可见恒星之间的距离实在是太遥远了！

保卫欧洲之战的象征——盾牌座

天鹰座东南方向有一个面积只有 10^9 平方米的小星座，这就是盾牌座（相当于我国传统的星官天弁），它位于银河中。星座中最亮的是两颗 4 等星，还有 18 颗亮于 6 等的恒星。每年 8 月 25 日 20 时，我们便可在天空观测到它。

盾牌座的拉丁名为“Soutum”，原意为木制外蒙皮革的大长方盾牌。缩写符号为“Set”。

纪念赫维留斯的邮票

盾牌座的命名不是取自美妙的古希腊神话，而是由出生于波兰的天文学家赫维留斯规定的。赫维留斯是一位富商，他拥有设备完善的私人天文台，是 17 世纪最勤奋的观测家。他在自己积累的观测资料的基础上，编制了一个包括 1 500 颗恒星位置的星表，书名叫《天文图志》。该书在他逝世 3 年后（1690）才出版，书中包含 54 幅精美的星图。在这些星图上首次出现了盾牌座的图形和名称。据说是赫维留斯为了纪念波兰国王苏别斯基而定的这个星座。1683 年土耳其大军包围了奥地利的首都维也纳，企图征服全欧洲。欧洲各国联合起来抵抗。波兰国王苏别斯基当时曾亲率军队并彻底击败了土耳其，保卫了欧洲。盾牌座就成了这场保卫欧洲之战的象征，成为波兰的荣耀。

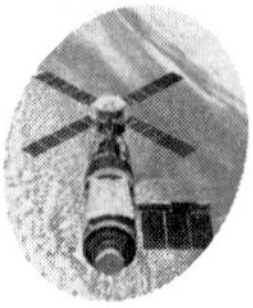

天文探索记录

TIANWEN TANSUO JILU

古人很早就对宇宙发生了极大的兴趣，不断通过自身的努力去揭秘这些天体奥秘，虽然距离完全解开宇宙的奥秘还相去甚远，但是也取得了一些成绩，这些成绩见证了人类的智慧和付出。人类探索宇宙的每一个微小的进步，都会促进人类对宇宙研究的进一步深化，进而提高人类宇宙学研究水平，缩短揭秘宇宙奥妙的历程，相信，终有一日，人类会完成这一伟大的“使命”。

“恩克彗星”的回归预测

在庞大无比的星际世界里，有一种我们不常见的星，形状也与一般星不同，头尖尖的，还拖着一条大尾巴，像一把横扫天空的大扫帚，这就是彗星，民间称它为“扫帚星”。

彗星像个不愿抛头露面的“过路客人”。如果用肉眼观测星空，大约两三年才能见到一颗，若借助天文望远镜，还能见到一些较小较暗的彗星，但每年也只能见到几十颗。据记载，人类有史以来也只观测到2 000多次彗星。大部分彗星不停地环绕太阳，沿着一个个扁长的椭圆形轨道运行着。每隔一定时期，它们运行到离太阳和地球比较近的地方，我们就有可能看到它。这类彗星，我们称它为“周期彗星”。而每颗彗星绕太阳运转的周期是不同的，如著名的哈雷彗星的周期是76年。周期最短的是“恩克彗星”，每隔3.3年，我们就能看到它。从1786年发现以来，它已经出现过50多次了。有些彗星的周期是几百年、几千年、几万年，甚至更长。周期在200年以内的叫短周期彗星，200年以上的是长周期彗星。还有一类彗星，露一次面后，就永远“拜拜”，一去不复返了，这是具有抛物线或双曲线轨道的非周期彗星。长周期彗星和非周期彗星占彗星总数的60%，难怪我们很少见到彗星。

1791年9月23日，德国汉堡一位传教士家中诞生了一个可爱的男孩。他就是著名的德国天文学家J·R·恩克。恩克从事天文学工作50年，取得了辉煌成就，而引导他走上成名之路的就是一颗彗星。

1818年12月，靠自学成才的法国天文学家J·L·庞斯在马赛发现了一颗彗星。翌年1月恩克开始跟踪这颗彗星，并试图计算它的轨道。正巧10年前(1809)，他在哥廷根大学求学时的导师高斯曾提出一种根据三次完整的观察就可确定天体轨道的巧妙方法。恩克运用这一方法，推算出了这颗彗星的轨道竟是一个不太扁长的椭圆，彗星在此轨道上的运行周期只有3年半。在计算中他发现，这颗彗星与另外三位天文学家默香、赫歇耳以及庞斯分别于1781年、1792年和1805年所观察到的三颗彗星竟是同一颗星。于是他大胆预言，这颗彗星将于1822年返回近日点附近，并再次被我们观测到。预言应验了，人们果真在这一天重新观测到了这颗彗星，于是将它命名为“恩克彗星”。

由于这一发现，恩克一举成名。从此，他的事业蒸蒸日上，天文研究工作也蓬勃发展起来。

知识点

哈雷彗星

哈雷彗星是人类首颗有记录的周期彗星，每隔76.1年环绕太阳一周。因英国天文学家哈雷首先测定轨道并成功预言回归成功而得名。但最先和最完备的哈雷彗星纪录确实来自我国。哈雷彗星的平均公转周期为75年或76年，公转轨道是逆向的，与黄道面呈18度倾斜，偏心率较大。

《中国古代天文学简史》的来历

于1955年问世的《中国古代天文学简史》是世界上第一部由中国人自己撰著的中国古代天文学史书。它的作者就是中国天文馆事业的创始人、北京天文馆首任馆长陈遵妫先生。

陈遵妫先生是一位现代天文学家，他怎么操笔写起中国古代天文学史了呢？

1937年秋天，抗日战争全面爆发后，当时任中央研究院天文研究所研究员的陈老，接到日本京都花山天文台台长山本一清的来信，说国际天文学联合会要搜集中国古代天文学史料，由山本一清负责主持这项工作，请陈遵妫先生给他提供资料。这封信大大刺伤了陈老的心。他说："整理祖国的天文学史，为什么要当时我们民族的敌人来越俎代庖呢？这封信真使我心里感到非常痛恨，这真是对我们祖国天文界的莫大侮辱！"

不甘忍受民族耻辱的陈遵妫先生从此发愤苦研中国古代天文学史。"有志者事竟成"，1955年，陈遵妫先生撰著的《中国古代天文学简史》终于出版了，从此填补了中国人自己撰著中国古代天文学史的空白。《简史》问世后，立即在国内外引起了极大反响，先后被译成俄文、日文等，成为国内外有影响的专著，世界著名科学史家英国人李约瑟博士在他撰著的《中国科学技术史》的天文卷中，曾多次引用了《简史》中的研究成果和史料。

现存传世最早的天文学著作——《史记·天官书》

现存传世最早的天文学著作是西汉时司马迁所著的《史记·天官书》。司马迁撰写《史记》时的官职是太史令，这不仅要通晓历史，而且还要懂得天文、地理、律历等。《天官书》是《史记》中的一篇，专述天文史，涉及西汉及西汉以前的天文学发展情况。它涉及日月和五星的运行情况，以

及有关彗星、流星、陨石和极光的观测记录。它还将天空分为五大天区，列有 91 个恒星组，共含 500 多颗恒星。这是有关秦汉和先秦天文发展的重要文献。

第一本确定日月交食周期的书——《三统历》

第一本确定日月交食周期的书是西汉的《三统历》，比《三统历》更早的《太初历》已经有这方面的记载，但是，太初历已失传，而《史记》中有关数字的有些问题，其周期难于断定。《三统历》编成于公元前 7 年，但未颁行（太初历之后使用了四分历）。《三统历》中确定日食和月食发生的周期为 135 个月中发生 23 次。这也是世界上最早推算出日月交食周期的书。交食周期即是日月地三者经过此周期后又回到原来的相对位置，因此每个周期内的日食月食再次相继出现。

首次引入星等概念的书——《天文书》

第一次引入星等概念的书是明代吴伯宗和马哈麻等人翻译的《天文书》(今称《明译天文书》)，原作者是波斯天文学家阔识牙耳。这是一部完整的阿拉伯星占书，其中有许多阿拉伯天文学知识，并且是中国人所不熟悉的。译著第一次介绍了 20 个阿拉伯星座的名称和 30 颗恒星的星等。书中写道，杂星“大小有六等，有大显者，有微显者”。即一至三等星为大显者，四至六等星为微显者。这是西方星等概念首次传入中国。

第一本将中西星名对译的书——《七政推步》

第一次将中西星名对译的书是明代历官元统与阿拉伯天文学家合译、天文学家贝琳整理并使之流传的《七政推步》。这部书系统地介绍了回回历法和

北京天文馆

阿拉伯天文学知识，书中第一次从波斯文译出十二个月的名称，并给出七天一周的计算方法，以及这七天的名称。书中还有一份恒星表，并第一次把中西恒星星名加以对照，共有 277 颗星，还注有黄道坐标、星等和中西名称等。这部著作为东西方天文学的交流奠定了初步的基础，也是研究阿拉伯天文学的重要史料。

知识点

黄道坐标

黄道坐标是一种天文坐标。天体在天球上的位置由黄经和黄纬两个坐标表示。春分点的黄经圈与通过某一天体的黄经圈在黄极所成的角度，或在黄道上所夹的弧长，叫做该天体的黄经。计量方向为在黄道上由春分点起，沿着与太阳周年运动相同的方向，从 0－360 度。从黄道起，沿黄经圈到天体的角距离称为该天体的黄纬。计量方向从黄道起，由 0－90 度，黄道以北为正。

最早的天象仪——元祐浑天仪象

最早的天象仪是北宋时期苏颂与韩公廉设计和制造的元祐浑天仪象。这是一种假天仪，也称天象仪。它与浑仪和浑象不同，它是通过一定的机械装置来模拟天象变化，因此，它是让人居于装置内观察，而操作浑仪与浑象是让人居于装置之外进行。这个天象仪的木样完成于元祐四年（1088 年），经测试后，得到结论“昼夜校验与天道已参合”。这个天象仪精度高，是苏颂等人的重要发明。他们的仪器史称“星官历翁，聚观骇叹，盖古未尝有也”。

最早的自动天文仪器——漏水转浑天仪

最早的自动天文仪器是东汉天文学家张衡改制的漏水转浑天仪。这种仪器是西汉时耿寿昌发明的，类似今天的天球仪。由于耿寿昌的著作装置均已失传，现已无法知其结构。张衡在耿寿昌的基础上进行了改进，他在仪器上刻有日月、星辰、南北天极、赤道和黄道。此外，他借助漏壶的水滴均匀地作用在装置上，使仪器可以匀速地运转，保证一昼夜运转一周。这样，仪器将太空中日月星辰的周天运动自动地演示出来。

第一架天文钟——水运仪象台

第一架天文钟是北宋元祐年间由苏颂和韩公廉主持制造的水运仪象台。它的结构载入了苏颂主编的《新仪象法要》一书中。这座仪象台分为三层，其中下层为报时系统。整个装置的运行是用漏壶的漏水作动力，它由 3 只连用的泄水壶和 36 只（一说 48 只）轮流接受漏水的受水壶组成。这组漏壶既可测时，又可提供仪器运转的动力。水运仪象台名为“天衡”的装置，它的作用类似现在机械钟上的擒纵机构。天衡的结构和原理都非常复杂，其制作的确需要非凡的才智和高超的工艺。

民俗节日里的天文知识

“二月二，龙抬头”，指的就是龙头节，又叫春龙节。这个节日早在秦汉以前就有了。每逢龙头节，人们都要吃龙须面和龙鳞饼。妇女们停止做针线活，以免伤了龙目。民间还流传一种“引龙回”的活动：在龙头节这天清晨点上灯笼，把草灰或谷糠从河边或井边直撒到屋内的水缸旁。这虽是一种迷信，但却反映出人们对龙的崇拜，具有祈求龙神赐福，保佑风调雨顺、五谷丰登的意思。在我国古代神话传说中，龙是威力无比的神异动物，它执掌着农业的丰收和水旱灾害。据传说，龙是冬天要蛰伏的动物，在惊蛰这天苏醒过来。醒来后，就要抬头，于是惊雷滚滚，春雨绵绵，万物也开始苏醒了。

实际上，龙是不存在的。古人设立这个节日不是出自迷信，而是有一定根据的。龙头节中的龙不是指神话中的龙，而是苍龙星座。

上古时，人们曾经专门以苍龙星座的方位作为定季节的标准。东方苍龙星座包括角、亢、氐、房、心、尾、箕七宿，角就是龙角。所谓龙抬头就是指角宿初昏时从东方地平线上慢慢升起。在中国古代天文学的28宿（也称“28舍”或“28星”）中，东方的角宿正好与西方的奎宿相对。每当初昏，奎宿随太阳西落时，角宿便东升了。这就是古人为什么把2月2日叫“龙抬头”的道理。还有因为这时正是春播的关键时刻，所以古人把它定为节日，以便不误农时。

时区的划分和时差的界定

我们平常使用的时间，是以太阳的方位作标准的。每当太阳通过天球子午线的时刻，就是当地正午12点。地球上不同地点的人，看到太阳通过天球子午线的时刻也不同。为了大家都有共同的时间标准，1884年，国际天文工作者们在华盛顿举行的一次会议上，一致决定把格林尼治子午线作为划分地球经线的起点，并以此为基础来确定世界的时区，把地理经度为0度的英国格林尼治时间作为全世界的标准时间，叫做“世界时”。但是，如果世界各国都用世界时，也会出现一些麻烦。比如，北京的中午，就要在早上4点钟；而太平洋上的中午，又正好是世界时的半夜。

为了弥补这一缺陷，人们就把全球分成24个时区。每个时区占据经度15度（全球360度）。格林尼治天文台所在的时区，叫做零时区。零时区以东的第一个时区叫东一区，再往东为东二区、东三区……直到东十二区。零时区以西则是西一区、西二区……直到西十二区。每跨过一个时区，采用的时间正好相差一小时（地球正好旋转15度）。在同一时区，时间是统一的。我国使用的是东经120度的标准时间，属东八区。平时我们听收音机报告的“北京时间”，就是东八区的标准时间。

时区与时区之间，分秒数是相同的，但小时数不同。这就造成了时间差。比如我国的北京在东八区，日本东京在东九区，北京时间就比东京时间迟 1 小时；俄罗斯的莫斯科在东三区，北京时间就比莫斯科时间早 5 小时。而美国的纽约在西五区，北京时间比纽约时间早 13 个小时。纽约的上午 9 点，就是北京时间晚上 10 点。

知识点

天　球

天球是研究天体的位置和运动而引进的一个假想圆球。根据所选取的天球中心不同，有日心天球、地心天球等。各个天体同地球上的观测者的距离都不相同。天体和观察者间的距离与观测者随地球在空间移动的距离相比要大得多，所以看上去天体似乎都离我们一样远，仿佛散布在以观测者为中心的一个圆球的球面上。实际上我们看到的是天体在这个巨大的圆球的球面上的投影位置，这个圆球就称为天球。

古人对天地关系的看法和论证

“敕勒川，阴山下，天似穹庐，笼盖四野。天苍苍，野茫茫，风吹草低见牛羊。”

这首大家都熟悉的民歌，是南北朝时鲜卑歌手斛律金（公元 6 世纪）创作的。对于生活在大草原上的人们来说，他们很容易感到“天”似一个圆盖，笼罩在平坦的大地上。我国远古时的人们大概也是从直观的认识，提出了对天和地的这种看法，后来被概括为“盖天说”。简单地说就是“天圆地方”的观点。古时人们以为地是方形的，地外边是“深渊”，所以不敢离家走得很远，怕掉下去了。其实，地球上的人们无论走得多远，仍然在地球上。

“天”是圆形的，天上有星星，太阳、月亮在天空上由东往西旋转着。那么，它们又是怎么转来转去的呢？如果按一些人（如古印度人）的看法，大地是浮在水面上的，那么太阳是火球，火球落入水中就会熄灭，又怎么会在第二天从水中升起来呢？因此，大地浮在水面的说法不可靠。再说，天是圆球形，地是方形，圆与方是相接不起来的。后来古人又提出天好像是一顶斗笠，大地就像一只倒扣着的盘子，二者是完全相似的拱形。这个看法又被称为第二次盖天说。把大地看做是拱形或球形的认识，比起平坦的认识无疑要进步了一些，但仍然解释不了日、月的东升西落运动规律。

张　衡

到了汉代，著名科学家张衡（78～139）创造了浑天仪，提出了“浑天说”。他说：“浑天如鸡子。天体圆如弹丸，地如鸡子中黄，孤居于内，天大而地小。”将大地作为一个球体看待，这与现代的看法是一致的。但初期的张衡却认为大地是浮在水上面的。由于不能解释太阳的东升西落现象，才提出“天地各乘气而立”。后来宋代张载明确提出“地在气中”，认为大地是浮在一种气体上边的。现代的研究表明，宇宙间各类天体之间都存在氢气及稀薄物质。所以，他的猜想是正确的。

将人们居住的大地看做球形的观念，在古埃及与古希腊也曾出现过。据说公元前250年前后，古希腊的地理学家埃拉托色尼（前276～前194）在夏至日测量了塞恩（今埃及阿斯旺）与亚历山大城所观察的太阳的高度差，计算出地球的周长约3.96万千米。而世界上首次精密实测地球的大小，是我国唐代天文学家一行与南宫说做的。他们在河南平原上测量了滑县、开封、扶沟、上蔡四地的纬度，从而求得地球的周长约4万千米，今测值为4.003万千米。这么精确的数值的得出，再次表明我国古代天文学的辉煌成就。

知识点

夏至日

夏至是北半球一年中白昼最长、黑夜最短的一天。夏至日那天，整个地球上除北极点和南极圈内的极夜地区外，所有地点的日出方向都是从东北方开始的，在西北方落下。夏至日，太阳几乎直射北回归线，是太阳在一年中所能达到北半球最高的纬度。

古人对行星和恒星关系的认识

远古的人们已发现了天上有几颗明亮的星星，它们没有固定的位置，而是在恒星之间游荡着，故称之为“行星”。它们的名字是水星、金星、火星、木星和土星，加上太阳和月亮，共有 7 个，称为“七曜”。后人将七曜用以表示较长的时日，就是 7 天为一星期。

至于天空的七曜和地球的关系，古希腊哲学家柏拉图（前 427 ~ 前 347）曾在《蒂迈欧》一书中提出，地球为宇宙的中心，其他各个天体处于不同的球壳上。这些球壳离地球由近到远，依次是月亮、太阳、水星、金星、火星、木星、土星。最外层的是满天的恒星。随后，柏拉图的高徒亚里士多德将天体的次序更改为月亮、水星、金星、太阳、火星、木星、土星和恒星天。恒星天之外还有一层“宗动天”。后来的天文观测认为不存在什么“宗动天”。

在亚氏之后，西方最有名的天文学家是托勒密（约90 ~ 168）。他著有《大综合论》（亦名《天文学大成》），长达 13 卷。该书集前人之大成，提出托勒密地心说。他采用了本轮与均轮的办法（提出者为阿波隆尼，前 295 ~ 前 215），即行星是绕自己的“本轮”在旋转，而本轮的中心在绕地球旋转，这些同心圆都被称为“均轮”，用这种设计可以解释行星视运行中的“逆行”问题。

托勒密以为恒星天之外还有三个天层，即晶莹天、最高天和净火天。他假定这些天层是诸天神的居住处。

托勒密的地心体系由于符合宗教的观念，因而在中世纪的欧洲统治人们思想达1 000多年。

知识点

本轮和均轮

本轮和均轮是古希腊天文学家阿波隆尼提出的用来解释宇宙“地心体系”的一种假想的圆圈，行星沿本轮绕本轮中心旋转，而本轮中心则沿均轮绕地球运转。在一定时期和程度上，本轮和均轮较为圆满地解释了行星运动的“逆”和“留”等现象。

“苹果落地”与“万有引力定律”

在英国剑桥大学的博物馆里保存着一段树干。据说，这就是世代相传的关于牛顿传记中最著名的“苹果落地”故事中那棵苹果树的树干。人们保存它，是为了纪念这位伟大的科学家。

著名科学家牛顿

相传，在1666年秋天的一个傍晚，年轻的牛顿正在家乡苹果园的树下读书。忽然，一阵微风吹来，一个熟透的苹果掉在了牛顿的面前。望着落地的苹果，牛顿陷入了沉思：苹果为什么会落地？月亮为什么不会从天上掉下来呢？这个问题立即令牛顿着迷了。地球将苹果往下拉的这种力会不会控制月球呢？当时开普勒行星运行三定律已经逐渐被人们接受。牛顿就利用这些定律来研究苹果与月亮，思考着“在多大的高度内重力起作用?”“重力的作用在什么情况下会消失?”牛顿从地球的吸引力着手研究，终于提出了“万有引力定律”，解开了“月亮不落”的原因所在。

根据“万有引力定律”，一切物体相互之间都有吸引力。如果我们用一根绳子拴住一重物，我们手拿绳子另一端提起重物，该重物就会绕着手旋转。手借助绳子对重物有个拉力，而旋转的重物又产生一种惯性离心力，这两种力是均衡的。地球与月亮之间的“绳子”就是“万有引力”。地球对月球的吸引力与月亮旋转而产生的惯性离心力相平衡，月亮就不会掉到地球上来了。

同样，地球围绕太阳旋转，尽管地球与太阳之间以350亿亿吨的力互相吸引着，但地球绝不会掉向太阳。其他七大行星与太阳之间的相互吸引也是这个道理。一个苹果成就了一位伟大的天文学家，这个故事成为人类历史上的一段趣话。

一行高僧，非凡的天文成就

唐代的高僧一行法师，俗名张遂，公元683年生于陕西武功县。张遂少年时，家境贫寒，但他刻苦好学，尤其酷爱天文学。青年时代，他求师访学，成为长安城有名的青年学者，随后又出家为僧，取法名一行。一行曾经在河南嵩山、浙江天台山潜心学习佛教经典和天文学，成为远近闻名的高僧。公元717年，唐玄宗硬请他回长安，但一行拒绝还俗为官，执意在华严寺研究佛学。公元721年，他被当时日食预报不准确的事情所触动，决定停止对佛学的研究，受命于唐玄宗，主持修订历法，从此一心苦研天文学。

他向唐玄宗进言，要改革历法，必先进行天文观测，一行来到当时的天文历法机关——太史监，发现原有的天文测量仪器破旧不堪。为了尽快开始恒星观测工作，他与人合作制造了黄道游仪的水运浑象仪等仪器。公元724年，一行主持了全国几个观测点的天文大地测量工作。他测得子午线长度为351里80步（132.08千米，比今天所测得的子午线长度略大一些）。一行这一“科学史上划时代的创举”，使我国成为世界上第一个测量出地球子午线长度的国家。

一行在观察和研究古人的恒星资料时，发现恒星位置有移动，他早于西方国家的天文学家1 000多年提出了“恒星不恒”的观点。

一行根据当时的天文观测，改进了历法，主编了有名的《大衍历》、《开元大衍历》52 卷、《心机算术》、《易论》和《北斗七星护摩法》等书。

公元 727 年 10 月，一行病逝。唐玄宗亲立一座“大慧禅师塔碑”，以表对这位功德圆满的高僧的敬意。今天的人们为了缅怀一行这位伟大的中国古代天文学家，将一颗小行星命名为“一行”小行星。

观测太阳致盲的科学家

据国外的学者考证，伽利略中年患有眼疾，晚年双目失明，都是因为他用望远镜长期直接观测太阳造成的。

太阳为什么会伤害人的眼睛呢？

这都是因为太阳光，尤其是太阳光中有种我们看不见的红外线，它含有大量的热能。而我们的眼睛里的水晶体就像一个聚光镜，对准太阳看时，太阳的热能就会被水晶体聚集在眼底的视网膜上，我们就会感到刺眼，眼前许久一片黑暗，很难恢复过来。如果长时间地直接观看太阳，视网膜就会被烧伤而失去视力。伽利略用望远镜观测太阳时，尽管都是在清晨或傍晚，或有浓雾遮光时，因为没有滤光片，时间又长，对他的眼睛伤害很大，以至于到他晚年时双眼失明了。

那么怎样才能满足我们观看太阳的好奇心，满足我们去欣赏奇异的日食和全日食的愿望呢？

有望远镜的朋友，可以在望远镜上加个滤光片。通常可以透过一块涂了墨的玻璃片去观测日食，墨层的厚度要均匀。涂了墨的玻璃能大量吸收太阳中的热能，使聚集在视网膜上的太阳光达不到烧伤视网膜的程度。太阳在涂了墨的玻璃片后变成了古铜色，既不刺眼，又能看清了。

“卫星”一词来源于一场取悦

太阳系里的许多行星都有自己的卫星，美丽的月亮是我们地球的卫星。

卫星就像一个严守职责的卫士一样，年复一年地围绕着自己的行星转着圈子，“巡视”着。

那么，“卫星”这个形象的名称是谁起的呢？最初又是什么意思呢？

说起来，这是天文学史上一段令人遗憾的史话，与伽利略有关。

1610年8月，伽利略用望远镜观看木星时，发现木星圆面附近有3个小亮点，几乎同在一条直线上。后来他又观测到4个小光点，并发现这4个小光点在不断绕木星转动，犹如月亮环绕地球转动一样。伽利略为取悦于他的一位高贵的保护人，便将这4个小光点称为“梅迪西行星”。另一位天文学家开普勒听到这一消息后，有点嘲讽意味地提议称这类星为“satellites”，译为中文就是“卫星”。此字源于一个拉丁词，用于指那些攀附权贵、以求宠幸的人。

第一个测出光速的天文学家

我们现在都知道，光的速度大约为每秒30万千米。但是，你知道这个数值最早是谁测出的，又是怎样测算出的吗？

大约在300多年前，法国有位天文学家叫罗默，他用望远镜观测木卫环绕木星运行，整整6个月间他一丝不苟地测定其中一颗木卫每次出现在轨道中某个确定位置上的时间。6个月后，他发现木卫到达预定位置的时间比开始观测时晚了16分钟。当他继续坚持观测后，竟又惊奇地发现木卫在预定位置出现的时间又逐渐提前了。这一推迟一提前的奇异现象，引起了罗默的沉思。

木卫环绕木星运行一周的时间是不变的。木星每次出现在预定位置上的时间也应该不变才对，为什么发生时间推迟和提前的现象呢？原来，这与木星和木卫发射的光到达地球的时间有关。地球离木星近时，木星和木卫的光到达地球的时间就早，反之就晚。而6个月恰好是地球绕太阳运行半周的时间。地球在这段时间与木星距离的变化值为地球到太阳距离的2倍。木星、木卫的光大约要花16分钟方可走完这段距离差。所以，6个月后木卫到达预定位置的时间，更确切地说是木卫的光到达地球的时间比罗默开始观测时晚了16分钟。罗默根据这一现象推算出了光速：

$$V=\frac{s}{t}=\frac{2\times 93\times 10^{6}}{10\times 60}\approx 3.05\times 10^{5}\ （千米/秒）$$

这就是最早测出的光速，它与现代科学技术所测的光速十分接近。罗默也因此成为世界上第一个测出光速的天文学家。

值得一提的是，罗默这种测定光速的方法有个很大的缺陷，即他只想到地球在绕太阳运转，而没考虑到木星带着木卫也在绕太阳运行。凑巧的是木星绕太阳公转一周需 4 300 天，公转角速度比地球慢得多。在地球人看来，木星近乎不动，所以，罗默的光速才没有造成更大的误差。如果木星像金星那样，绕太阳运行一周只需 225 天，罗默大概就不会那么幸运了。

度量星球距离的巨尺

在我们日常生活中，总是要与一些长度单位打交道。比如测量你的身高时，要用“米”“公分”；买布做衣服时要用“丈”“尺”“寸”；测量城市间的距离时要用“公里”或“千米”。

如果用这些长度单位来计算宇宙中星球间的距离，就太困难了。比如离地球最近的邻星距离地球约 40 兆千米，这在读和写上都很麻烦，就像用“寸”“厘米”“毫米”计算城市间距离一样。那么，用来表示星球之间距离的长度单位是什么呢?

目前，用 3 种长度单位。

太阳系内的星球之间的距离一般用“天文单位”作为基准。所谓“天文单位”就是地球和太阳的平均距离（即日地距离）。1 天文单位相当于 14 960 万千米。

太阳系之外的星球之间的距离用天文单位计算又显太小，因为恒星之间的距离太遥远了。要用更大的长度单位，所以就产生了“光年”。一光年表示光在一年里可以走 94 605 亿千米。如果用光年计算，离地球最近的比邻星是 4.24 光年。我们熟悉的牛郎星距离地球 16 光年；织女星则是 24 光年。而牛郎星和织女星之间相距 14 光年。神话中的牛郎织女过一座鹊桥就能相会，可在天文学家的精密计算中，牛郎要飞奔 14 光年（相当于 132.447 万亿千米），才能见到织女。

我们肉眼可以观测到的银河系之外的星系如仙女座星云，相距我们有150万光年。而离我们最远的天体，目前所知要在200亿光年以上。

在天文学中，测量星球距离除了“光年”这把巨尺外，还用“秒差距”。1秒差距等于3.262光年。

天文学中是不是绝对不用“千米”呢？也不是的。比如月亮与地球的距离就用38.44万千米表示。

我们从下列式子中再比较一下秒差距、光年、天文单位和千米之间的关系：

1天文单位=14 960万千米

1光年=63 239.7天文单位=0.3066秒差距

1秒差距=206 265天文单位=3.26光年

计算机应用于天体模拟

自古以来，天文学家的实验室就是浩瀚的宇宙。天文学家只能凭借观测天体和利用观测资料来研究天体。因为地球上最大最先进的实验室也不可能研制出一颗庞大的天体来。更何况，天体的演变过程又相当漫长，根本不可能在实验室里对天体演化做实验研究，仿佛实验研究与天文学毫不相干。

但是，自20世纪40年代电子计算机问世后，原本只是天方夜谭的天体实验研究，竟然变成了现实。从此结束了以观测为获得天文学知识和天文学研究的单一手段的历史。计算机成为天文学研究的强有力的实验手段。一门崭新的学科——实验恒星动力学从此成为研究天文学的重要组成部分。

当然我们这里说的实验，与通常意义上的物理实验或化学实验不同，而是计算机模拟。什么是计算机模拟呢？这就是从天文学基本理论（如牛顿运动方程、牛顿万有引力定律和泊松方程等）出发，利用计算机作为实验手段，模拟天体系统，如星团、星系、星系团或整个宇宙等，对天体系统作动力学研究。之所以把计算机模拟说成实验研究，是因为计算机能显示出恒星系统的起源和演化，以及其他的物理学和动力学特征；能用计算机的图像展示恒星系统不同时间的变化，就如同直观看到恒星系统的形成和发展一样。

恒星之间在万有引力作用下，形成一个引力场系统，每一颗星都运动在引力场内。这个庞大的多体系统是个极为复杂的动力学体系，这就是300多年来天文学家一直在研究的引力 N 体问题（又称多体问题），但进展一直十分缓慢。自从计算机用于 N 体问题计算机模拟学科，即实验恒星动力学，也使得恒星系统的动力学研究大大向前迈了一步。把模拟结果和观察结果紧密结合起来，加以比较研究，为观测天文学开拓了新的思路。

“提丢斯定则”与天体排列

早在1766年，德国一位名为提丢斯的中学数学教师发现，水星、金星、地球、火星、木星和土星与太阳的距离形成一个有趣的级数关系：

0　0.3　0.6　1.2　2.4　4.8　9.6　19.2……

每个数都比前一个数大一倍。再把这个数列中的每一个数都加上0.4，得出另一个数列：

0.4　0.7　1.0　1.6　2.8　5.2　10.0　19.6……

提丢斯提出，假设地球与太阳之间的距离作为一个衡量单位，即一个日地距离。那么，除了2.8这个数之外，其余数正好分别相当近似地表达了各行星到太阳的距离，即

水星	金星	地球	火星	?	木星	土星
0.4	0.7	1.0	1.6	2.8	5.2	10.0

15年后，赫歇耳发现了天王星，它与太阳的距离刚好近似为19.6，与提丢斯数列恰恰吻合。

这个奇妙的天文数列应验了。人们不禁要问，数列中“2.8”这一空间，即火星与木星之间处是什么呢？

于是，有的天文学家大胆推测，此一区域绝不会是个空当，可能存在着一个未知行星。果然不出所料。1801年～1809年间，天文学家们陆续发现了“谷神星”、“智神星”、“婚神星”、“灶神星”等。这些围绕太阳公转的天体又恰好都在“提丢斯定则”的2.8区域。显然，火星、木星之间存在的不只是一个小行星，而是一批小行星。目前人类已经掌握运行轨道、编号命名的

小行星已有3 000多颗，估计小行星总数在50万颗以上。这是一个小行星带。这些小行星的体积都不大，最大的一颗直径仅是月球直径的1/5，其余都在50千米×70千米左右，最小的才有200米。

为什么火星和木星之间的这个空当处不是一颗大行星，而是一个小行星带呢？这众多的小行星是一颗大行星破裂的产物，还是在太阳系形成初期未来得及积聚成一颗大行星的“半成品”呢？至今仍然是个谜。

尼尼微常数与天体运行规律

有关天王星、海王星和冥王星的情况，我们是在18、19世纪甚至20世纪才知道了一些。然而一个奇妙的天文数字却证明，人类在6万多年前对太阳系的全部行星就已了如指掌了。这个数就是尼尼微常数。

尼尼微常数是在古老的苏美尔人居住过的埃及库云底亚克山的山洞里发现的，它是一道计算题：70连续7次乘以60的积等于195 950 200 000 000，它竟然是个15位数，而计算技术最发达的古希腊也只能计算出5位数。可见距今3 000多年历史的苏美尔人是个智力相当发达的民族。据说他们有十分丰富的天文知识，他们绘制的星星形状与现代人所画的几乎完全一样；所掌握的月球自转周期与我们凭借精密仪器观察所得的结果只差0.4秒；确定一个阳历日为86 400秒也与今日相同。尼尼微常数恰恰等于2 268 000 000个86 400秒，大约为600万年。我们知道，地球两极轴心的位置每天都在移动，每隔26 000年左右，即9 450 000天，它又回到原来的位置，这种天文现象叫“岁差”。3 000多年前聪明的苏美尔人就已有了“岁差”这个概念，2 268 000 000天正好为240个岁差。

人们还发现，太阳系内各行星、卫星以及某些彗星的公转期、会合期都是尼尼微常数的约数。用尼尼微常数与太阳系各行星的会合次数相除，不仅可以除尽，而且所得这些行星的公转期与今天的数据基本相同：水星88天，金星225天，火星678天，木星4 333天，土星10 750天，天王星30 684天，海王星60 189天，人们不禁发问，这个揭示了太阳系秘密的神奇数字真是苏美尔人的杰作吗？它究竟是何时的产物？

我们知道，一个回归年相当于365.2422个阳历日，如果用2 268 000 000天除以此数，便得出6249578个回归年。再用2 268 000 000天除以这个回归年数，得出一个回归年为365.242211天，与我们今天所用的365.242199这个更精确的数字相比，得知其年误差率是0.000012天，即1.0367秒。我们又知道，回归年平均每天缩短0.000016秒，所以用年误差1.0368秒除此数，便推算出了这个尼尼微常数是在64 800年前问世的。这无疑说人类社会早在6万多年前就已相当发达，掌握了太阳系的诸多秘密，就拿1930年我们才发现的冥王星来说，6万多年前人类竟早已知道了这颗星。因为尼尼微常数2 268 000 000天正好是冥王星公转周期90 720天的25 000倍，岁差的240倍。

如果这个尼尼微常数推导出来的人类文明真是开始于6万多年前的话，岂不是跟我们传统的进化论相悖了吗？如果不是，尼尼微常数又做何解释？数字游戏的巧合，还是来自外星文明？

光谱理论和光电效应与天体测量

1666年，英国科学家牛顿让窗外射进来的一束太阳光，通过一枚三角形玻璃棱镜（简称三棱镜）时，意外地发现在对面白墙上展现出一条美丽的光带：红、橙、黄、绿、青、蓝、紫，就像细雨后对着太阳一面的天空出现的彩虹一样。牛顿称它们为光谱。牛顿的这个发现说明，太阳光是由7种颜色的光组成的，人们可用三棱镜将它们分解开来。牛顿对此现象作了解释，认为不同颜色的光具有不同的折射率。红光的折射率小，通过棱镜偏折最小，所以在外边；而蓝光、紫光折射率大，通过棱镜后偏折大，所以在内边，形成一个红在外、紫在内的弧形彩虹。

牛顿的发现，后来被英国化学家沃拉斯顿（1706～1826）用于制作棱镜摄谱仪。天体的光通过一个狭缝与透镜平行射入三棱镜，经分解后又通过一个透镜呈现在感光板上。沃拉斯顿于1802年用此仪器去观测太阳光时，发现了光谱中有一些细的暗线。1814年德国物理学家福琅和费（1787～1826）仔细地研究了太阳的光谱，发现了更多的暗线（据说有750条之多）。他采用A、B、C、D……来表示一些较粗的暗线。后人将此太阳光谱称为“福琅和费光谱”。

太阳光谱中为什么有黑线呢？这个问题在福琅和费发现后半个世纪左右才找到答案。1859 年 10 月，德国物理学家克洛霍夫（1824 ~ 1887）做了一个试验，他将钠蒸汽的光射入摄谱仪，发现钠的明亮谱线，恰好落在太阳光谱中的 D 线位置上。这说明太阳光谱的 D 线是钠所发射的。他又用其他的元素做了同样的实验，终于确定了每一种元素都可以吸收它能够发射的谱线，从而解释了光谱中黑线的来历。像太阳这样的光谱叫做“吸收光谱”（一般白光发射的称为“连续光谱”，而其中有个别的特别明亮谱线的又叫“发射光谱”）。

克希洛夫辨认了太阳光谱中的很多谱线，他宣布太阳上有钠、铁、镍等元素，它们和地球上的一样。这一重大发现，说明宇宙之间物质的统一性，即地球上有什么元素，别的星球上也可能会有同样的元素，只是各天体上元素的含量（叫“丰度”）有所不同罢了。

光谱分析方法还用于了解天体的运动情况。根据物理学上的多普勒效应，运动中的物体，它所发射的声音频率会有所改变。即：如果物体向观测者而来，它的声音会越来越尖（高），也就是频率似乎变高了；而当物体离开观测者而去时，声音就越来越低沉了，即频率似乎变低了。振动体的频率与波长成反比例。频率高的波长短，就颜色来说显得蓝些，用光谱线说就是发生“蓝移”；相反，频率低的波长长，颜色显得红些，光谱线发生“红移”。人们根据红移或蓝移的量值，可以计算出该天体的运动速度（称“视线速度”，在视线方向上的进、退运动速度）。

按照这个原理，一颗恒星在自转（只要它的自转轴不是指向我们），那么，它的光谱线就会移动，因而可求出它自转的方向与速度。

光谱还可以了解天体的磁场大小，它依据的原理是塞曼效应。在磁场中，一条谱线可以分裂为两条，根据分裂的大小来计算磁场强度。

在 19 世纪，人们发明了光电倍增管，并很快地将其应用于恒星的光度测量中。光电倍增管是根据光电效应原理而制作出来的。光照射到一些金属或半导体上，被照的物体会发出电子，产生电流，这就叫光电效应。通常光电效应产生的电流不大，而应用倍增管就可得到较大的电流。光从第 1 个阴极打出一些电子，这些电子打到第二个阴极就得出更多的电子，这样一次次放

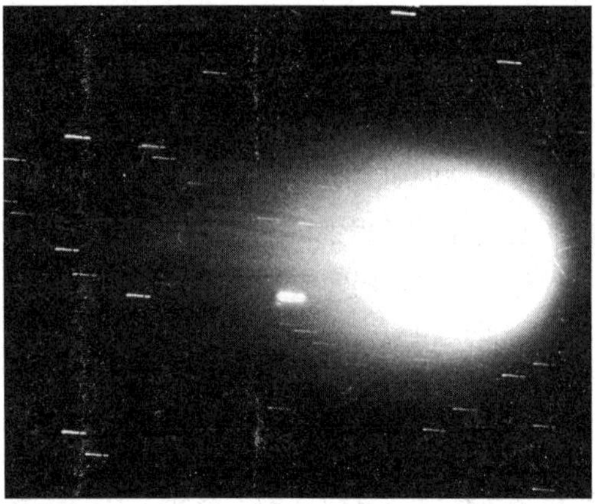

彗星滑过天幕

大，经过10次以上的倍增，放大倍数可达到$10^8 \sim 10^{10}$，最后在阴极收集到放大了的光电流。整个过程时间约为10^{-8}秒，几乎是同一瞬间发生的过程。光电倍增管的输出电流与入射光强度成正比，入射光强的，电流就大；入射光弱的，电流就小。因此，光电倍增管自发明后，就被应用于恒星的测光上。

星光是微弱的，只有靠光电倍增管的作用才易于被接收到，特别是一些快速变光的天体（如变星）。现代将用光电倍增管去测量天体光度的仪器，叫做“光电光度计”。这种仪器常挂在望远镜的目镜一端，所以成为终端设备之一。

天体射电波的发现和测定

早在19世纪末，美国发明家爱迪生（1847～1931）和洛奇（1851～1940）就猜想太阳可能会发射无线电波。1901年，诺德曼试图测出这种电波，但由于设备简陋，没有成功。

但是，第一个发现来自宇宙电波的，不是天文学家，而是美国的无线电工程师，他的名字叫央斯基（1905～1950）。1928年，央斯基从威斯康星大学毕业后，来到世界闻名的贝尔实验室。央斯基的任务是研究短波通信中的各项干扰因素。他制造了一种叫做“旋转木马”的天线，工作波长为14.6米。在试验中，他发现有一种“丝丝”的杂音，每过23小时56分出现一次，这个周期恰好是地球自转的周期。经过一年多的观测，央斯基终于确定了这个干扰电波是来自银河中心的方向。于是，人类第一次捕捉到了来自太空的无线电波，一门新的研究天体电波的学科——无线电天文学（或称射电天文学）诞生了。

为了纪念央斯基在1931～1932年所作出的这项贡献，1973年8月，国际天文学联合会第15次大会决定采用“央斯基”作为天体射电流量的单位，简写为“央”，它等于10^{26}瓦/（米·赫）。

无线电波与可见光一样，都是电磁波，它们的区别在于波长不同。可见光的波长从紫光的400纳米（4×10^{-7}米）到红光的700纳米（7×10^{-7}米），通常也用埃为单位，1埃等于10^{-8}厘米，则可见光波长范围在4000埃～7000埃。而无线电波的波长很长，从几个毫米到几十米。

天体射电波的发现，表明地球的大气除了开一个“可见光”的窗口外，还有一个“无线电波”的窗口。人们由此可以猜到，天体发射的电磁波应当是完整的。在紫外线以外应有波长更短的辐射，比如X射线（0.01埃～100埃）、γ射线（<0.01埃）等，但是这种超短波的辐射被地球大气吸收了。一直到1957年人造地球卫星飞到大气层外时，它们才被人们观测到。

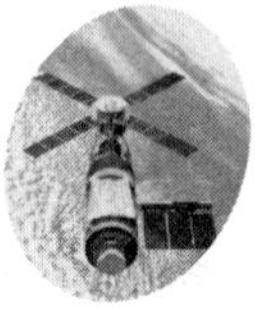

宇宙的神秘和困惑

YUZHOU DE SHENMI HE KUNHUO

在宇宙探测上，虽然人类已经取得了一些成绩，但相对于未知的宇宙奥秘，人类所了解的真是太少太少了，宇宙中还有许许多多的人类未曾了解的秘密，即使在人类已经所谓破解的宇宙奥秘中，还有许多解释不了的现象，所以，在了解宇宙奥秘上，人类可以说是还徘徊在门槛附近，离登堂入室还有一段距离，更别说已经破晓所有奥秘了。宇宙展示给人类太多太多的神秘了，破解一个又一个宇宙谜团，穿越一个又一个宇宙迷雾，是全人类的使命。

会“隐身”的黑洞

望文生义，“黑洞”这个词，很容易让人想象成一个“大黑窟窿”，但事实却是相反的。所谓“黑洞”，不是洞，而是一种天体：它的引力场非常强大，以致连光都难以逃脱出来。

广义相对论认为，引力场将使时空弯曲。当恒星拥有很大的体积时，它的引力场对时空的影响甚微，从恒星表面上某一点发的光可以朝所有的方向沿直线射出。当恒星的半径越小，它对周围的时空弯曲作用就越大，朝某些角度发出的光就会沿弯曲空间返回恒星表面。

当恒星的半径小到一特定值（天文学上叫“史瓦西半径”）时，就连垂直表面发射的光都被捕获了，从而恒星就变成了黑星（洞）。说它“黑”，是指它就像宇宙中的无底洞，无论什么物质掉进去，“似乎”都不能逃出。说穿了，黑洞是“隐形”的。

那么，黑洞是如何形成的呢？其实，跟白矮星和中子星一样，在很大程度上黑洞或许是由恒星演变而来的。当一颗恒星衰老时，它的热核反应已消耗完了中心的燃料（氢），由中心产生的能量就很少了。这样，它再也没有足够的力量来支起巨重的外壳，在外壳的重压之下，核心开始坍缩，直到最后形成小体积、大密度的星体，重新有能力与压力保持平衡。

质量小一些的恒星主要演化成白矮星，质量比较大的恒星则有可能形成中子星。通过科学家的计算可以看出，中子星的总质量不能大于太阳质量的3倍。如果超过了这个值，那么将再没有什么力能与自身重力持平了，由此引发另一次大坍缩。

这样，根据科学家们的猜想，物质将势如破竹地向着中心点聚集，直至成为一个体积趋于零、密度接近无限大的“点”。而当它的半径一旦收缩到一定程度（史瓦西半径），如同我们上面所说的那样，巨大的引力就会把光也吞没了，从而切断了恒星与外界的一切联系——于是“黑洞”就诞生了。

天文学上所说的“黑洞”，是一种看不见的特殊天体。由于它具有许多奇妙的性状，所以引起了人们很大的兴趣。

从理论上提出黑洞的概念，可以追溯到18世纪末，而广泛的研究是从20世纪70年代开始的。

1798年，法国天文学家拉普拉斯（1749～1827）在他著的《宇宙体系论》中指出，“天上最明亮的天体，可能是看不见的。”他计算出，一个直径比太阳大250倍而密度同地球一样的恒星，它的引力大得足以抓住它发射的所有光线，因而成为看不见的“黑洞”。这就是关于黑洞的最早预言。

1915年爱因斯坦发表了广义相对论，指出时间、空间与物质是紧密联系在一起的。物质是引力源，引力使时空弯曲。引力场愈强，时空弯曲得愈厉害。

1916年，德国科学家K·史瓦西（1873～1916）在研究广义相对论中，提出一个球形天体的临界半径（以R表示）。在这个半径内外，时空性质完全不同。而引力半径为：

$R_e = 2Gm/C^2$

式中 G 为万有引力常数，m 为天体质量，C 为光速。在 R_e 的里面，时空弯曲是如此厉害，以致光子也不能逃逸出去，因而成为看不见的“黑洞”。所以 R_e 就被称为“引力半径”或“史瓦西半径”。以此半径组成的球面称为“视界”。视界内的任何信息都传不出来，视界外的观测者不可能看到视界内的情况，但是视界外的物质与辐射都可以进入视界。

由引力半径的公式可以知道，天体要形成黑洞的话，一定是很小的。例如，太阳的直径约 130 万千米，如果压缩成半径为 3 千米的球，它就成为一个“黑洞”。而我们的地球，如压缩成半径为 8.9 毫米的小颗粒，也就成为“黑洞”了。

黑洞的巨大引力，会使它周围的一切物体都被吸入，因此，它是一个“无底洞”。而任何物体，无论是人，还是动物，或是火车、飞机，一旦落入黑洞，就会失去它们的个性，完全变为毫无区别的黑洞了。

史瓦西推算出来的静止的黑洞，通常叫“史瓦西黑洞”。

1963 年，新西兰年轻的数学家克尔在研究广义相对论中，得到引力半径为：

$R_e = Gm/C^2 + G^2m^2/C^2 - a^2$

式中 $a = J/MC$，是一个与旋转角动量 J 有关的量。$a = 0$ 时，对应于静止的史瓦西黑洞。因此，将旋转的黑洞称为“克尔黑洞”，也称“克尔—纽曼黑洞”。

从这些理论可知，黑洞具有质量，会自转，除此以外，黑洞还可能有电荷，但是电荷会转移或变化。一个带电的黑洞会排斥向它降落的带有同性电荷的物体，而只吸收带有异性电荷的物体，其最终结果是，大多数黑洞应当是中性的。

黑洞除了上述三个特性外，再没有别的性质，这叫做“黑洞无毛发定理”。毛发是比喻性的，从人的毛发颜色、长度、类型，可以区别不同的人。因而毛发可作为人的一种特征。黑洞是“光秃秃”的圆球，仅有质量，会自转，在其他方面无差别。

但是黑洞仍然具有不少有趣的特性。比如说，英国的霍金在 20 世纪 70

年代初证明了，任何黑洞的表面积（即视界面积），不可能随时间减小，这被称为“黑洞面积不减定理”。根据这条定理，两个黑洞可以相碰，合成一个黑洞，其合成的黑洞视界面积，一定不小于原先两个黑洞视界面积之和。但是一个黑洞不能分成两个黑洞，因为黑洞的分裂导致表面积减小，违反了上述的定理。

更令人惊奇的是，黑洞还会“蒸发”。这个概念是霍金于1974年提出来的。在这方面用经典物理学是难以理解的，需要用到量子理论。

根据量子场论，真空并不是绝对真空，它在不断产生正、负粒子对，并且极速湮灭，以致难以检测到，故称之为“虚粒子对”。

假定在真空中有一个黑洞，它可以吞噬虚粒子对的两个，也可能在虚粒子对湮灭之前吞噬其中一个。对于后者，剩下的一个粒子丧失湮灭对象。如果它是负能量粒子，随即就掉入黑洞。如果它是正能量粒子，由于“隧道效应”就存在一定的几率能穿透黑洞的引力势垒，而逃逸出去。总效果是一部分正能量粒子被辐射出去，而掉进黑洞的粒子中能量为负的，多于能量为正的，导致黑洞的质量减小，这就是所谓的黑洞“蒸发”。

黑洞质量越小，粒子越容易穿透引力势垒，蒸发越快。理论算出，蒸发过程的能量释放率与黑洞质量的平方成反比，而黑洞的寿命与质量的立方成正比。

因此，质量大的黑洞，寿命就长。如相当于一个太阳质量的黑洞，“蒸发”掉的时间约要1 066年。这个数字比现在已知的最古老的天体的年龄要大不知多少倍。因此可以认为，恒星级的黑洞（虽然有量子辐射）的大小几乎没有变化。

霍金是一个残疾人，他在轮椅上研究自然科学最前沿的问题，取得了重大成就，因而被称为“轮椅上的科学家”。他写的《时间简史》（从大爆炸到黑洞），已成为世界最畅销的科普论著。我们引述的只是书中的部分内容，有兴趣的读者可阅读霍金的有关著作。

黑洞在理论上的研究已不少了，但是在宇宙间到底有没有黑洞呢？

黑洞不发光，用光学望远镜不能观测到，因此是很难寻找到的。但是，黑洞有强大的吸引力，可以对其邻近的天体发生作用，而被我们间接发现。

比方说，有一对双星，它们绕着公共质量中心在旋转着。如果在双星附近有一黑洞，那么黑洞的引力作用将使双星的轨道运动发生变化。反过来，从双星的运动变化情况，可推知是否有黑洞存在。

但真正发现一批黑洞的候选者，则是在 X 射线天文学兴起之后。1970 年“自由号”卫星及 1978 年“爱因斯坦 X 射线天文台”卫星上天以后，发现了许多 X 射线源是双星。这些 X 射线双星很可能包含有黑洞。

最引人注意的有天鹅座 X—1（该星座中的 X 射线源的第一号）、圆规座 X—1 与天蝎座 V861 等。

天鹅座 X—1 是一颗极特殊的 X 射线双星，主星是一颗蓝色超巨星（编号为 HDE226868），视星等为 9 等，表面温度约 2500 开，质量大于 20 个太阳质量。

此双星系统的绕转周期为 5.6 天，但是伴星则未见到。天鹅 X—1 的 X 射线不断地发生变化，变化的时标从 1 毫秒到几十秒，强度变化十几倍。由此推知射线源的直径必定小于 300 千米，那是一个很小的射线源。

光谱分析发现，从主星有物质流向不可见的伴星区域，而伴星的质量至少有 6 个太阳质量大（另一种估计为 10～15 个太阳质量），已超过中子星的极限质量，因而被认为是一个黑洞。

高温的大量物质很快地挤到黑洞周围的薄盘（称为“吸积盘”），猛烈摩擦产生高温而辐射出 X 射线。吸积盘的半径估计有 160 万千米，而 X 射线是从离黑洞只有 3000 千米的吸积盘内边缘发射出来的。

从观测到理论都确证天鹅座 X—1 是一个黑洞，但是持谨慎态度的人认为还应当进一步研究确定。还有其他一些黑洞候选者，比较而言，它们是黑洞的可能性都不及天鹅座 X—1。

相对别的天体而言，黑洞显得太特殊了。例如，黑洞有“隐身术”，人们无法直接观察到它，连科学家对它的内部结构，也仅仅是缘于各种猜想。那么，黑洞是通过什么途径把自己隐藏起来的呢？答案就是——弯曲的空间。我们都知道一个最基本的常识，光是沿直线传播的。可是根据广义相对论，空间在引力场作用下会发生弯曲。这样，光虽然仍然沿任意两点间的最短距离传播，但传播的路径已经不是直线，而变成了曲线。形象地讲，好像光本来是要走直线的，但由于强大的引力拉着了它而使它偏离了原来的方向。

在地球上，由于引力场作用很小，这种弯曲几乎不会发生。而在黑洞周

围，空间发生了非常大的变形。这样，那些被黑洞挡着的恒星发出的光，虽然有一部分进入黑洞被吞没，但另一部分光线会通过弯曲的空间而绕过黑洞到达地球。所以，我们可以毫不费力地观察到黑洞背面的星空，却看不到黑洞的存在，这就是黑洞的隐身术。

更有趣的是，有些恒星不仅是向着地球发出的光能直接到达地球，就是朝其他的方向发射的光也可能受附近黑洞的强引力折射而能到达地球。这样我们就既能观赏到这颗恒星的“脸”，同时也能看到它的侧面，甚至是后背。

在20世纪，“黑洞”无疑是最具有挑战性、最让人激动的天文学说之一。许多科学家正在为揭开它的神秘面纱而孜孜不倦地工作，不断地提出新的理论。

那么，星系级的，甚至更大的黑洞是否存在呢？

早就有人提出在我们银河系的核心有黑洞，估计这个黑洞的质量有1亿个太阳质量。它在吸积周围的气体物质时，会辐射强大的无线电波与红外光。对银心方向的观测中的确发现有这些辐射。但是从银心方向来的射电波与红外光，也可以用别的因素来解释。所以银河系核心大黑洞仍是个悬案。在河外星系，特别是活动星系中，也可能存在大质量的黑洞。1997年1月哈勃太空望远镜公布的观测成果中，提到在观测过的15个星系中，有14个星系中心极可能存在黑洞。另外还发现宇宙中存在3个超大质量的黑洞。它们的质量分别为太阳的5 000万倍、1亿倍和5亿倍。甚至有人提出我们现在观测所至的宇宙（称为“总星系”），也可能是个硕大的黑洞。

奇妙的黑洞，仍然是当代天文学上的重大研究课题。

知识点

引力场

引力场是暗能量和星体相互作用的产物。引力场中某一点的引力与暗能量的虚拟质量和星体的质量的乘积成正比，与该点到旋转中心的距离的平方成反比。它与物体的质量无关。暗能量在宇宙中占主导地位，约占73%，暗物质占近23%，宇宙的运动是由暗能量来推动的。太阳系和银河系的运动都是旋涡型的，暗能量以一种旋涡运动的形式存在，以便推动它们的这种运动。在暗能量运动的范围内形成一种旋涡场，称之为暗能量旋涡场，简称为旋涡场。

假想中的白洞

黑洞如同宇宙中的一个无底深渊，物质一旦掉进去，就消失得无影无踪。根据我们共知的“矛盾”的观点，科学家们大胆地猜想：宇宙中会不会也同时存在一种使物质只出不进的“泉”呢？科学家就给它取了个同黑洞相反的名字——“白洞”。

科学家们猜想：白洞也应该与黑洞一样，有一个相似的封闭的边界，但与黑洞相反的是，白洞内部的物质和各种辐射只能通过边界向边界外部运动，而白洞外部的物质和辐射却难以进入其内部。形象地说，可以把白洞看成一个不断向外喷射物质和能量的源泉，它向外界提供物质和能量，却不吸收外部的物质和能量。

到目前为止，白洞还仅仅是科学家的猜想，还没有发现任何能证明白洞可能存在的例证。在理论研究上也还没有重大突破。不过，最新的研究得出一个可能会让人惊喜的结论，即“白洞”和“黑洞”很可能就是一体的！也就是说黑洞在这一端吸收物质，而在另一端则喷射物质，就像一个巨大的时空隧道。

最近，科学家们证明了黑洞有可能向外发射能量。而根据现代物理理论，能量和质量是可以互相转化的，这就从理论上为“黑洞与白洞是一体化”的预言提供了可能。

在目前的情况下，还不能彻底揭晓黑洞和白洞的奥秘。但是，科学家们每前进一点，所取得的成绩都让人振奋不已。我们相信，打开宇宙之谜大门的钥匙就藏在黑洞和白洞神秘的背后。

X 射线源与 γ 射线源

X 射线与 γ 射线是电磁波谱的一部分，它们的波长非常短，能量却很大。

X射线的能量在$10^3 \sim 10^5$电子伏特，而γ射线的能量在$10^5 \sim 10^{16}$电子伏特。

这些高能部分的辐射大部分被地球大气吸收了，只能在高空上观测到，通常用火箭与人造卫星去观测。20世纪70年代后，空间观测与研究得到全面的发展，有了许多专用的人造卫星。在探测X射线方面有乌呼鲁（Uhuru）卫星、高能天文台1号（HEAO—1）及2号（又称爱因斯坦天文台）、罗塞特（ROSAT）等；在探测γ射线方面有康普顿天文台卫星（GRO）、7射线天文台卫星（GRO）等。这些观测台上大都装有成像望远镜，以了解高能辐射源的形态与变化。

发射X射线与γ射线的点源，习惯上称为X射线星与γ射线星。但不应理解为只发射X射线与γ射线，它们同时也可能有低能部分的辐射（可见光、射电波之类）。

这些源的名称常用某星表的编号或某星表代号附上坐标值。如3C273是指英国剑桥大学编的第3个射电星表中的第273号天体。X1 800—30是指X表中赤经为1 800M，赤纬为-30°的天体。

在利用各种探测器发现天空的某个点（或小区域）有X射线、γ射线发射时，就要设法找出它们的光学对映体。如果有，就比较容易了解这个射线源的性质；如果未能找到光学对映体，就需要从理论上去考虑辐射的本质。

从已有的研究来看，在银河系内的X射线源、γ射线源大多为密近双星系统、球状星团、超新星爆发遗迹，而河外星系中的X射线源、γ射线源，则多为活动星系核、类星体。此外，还有遍布于宇宙空间的X射线背景。据观测统计，X射线源的分布有集中于银道面的倾向。

科学家第谷

两颗子星靠得很近，称为密近双星。它们之间有物质交流，一个质量较大的能吸积另一个的物质。随着溶入物质的高速挤压，双星产生非常高的温度，便会产生极强的X射线。

研究发现，X射线双星可分为高质量的与低质量的两类。

高质量的多数伴星为大质量星，质量大于10个太阳质量，光学对映体明亮，有快速的自转。它们的X射线有脉冲形式。最典型的是天鹅座X—1。

天鹅座X—1的脉冲没有严格的周期，只在几十秒时间内脉冲。单个脉冲的时间在0.3秒至几十秒不等，脉冲还有一上一下的振动和快速变化。从射电定位观测发现光学对映体主星是9等的O、B型超巨星，质量大于20个太阳质量，伴星看不见。双星的绕转周期为5.6天。伴星应是X射线发射源，它的质量不会小于6个太阳质量。这个质量已超过中子星的质量上限（3个太阳质量），因此，不可见的暗伴星很可能是一个黑洞。

低质量的X射线双星，其伴星质量比较小，比如X1800—30的伴星，质量约为0.05个太阳质量，那就不是中子星，而可能是白矮星，但大多数X射线双星的伴星是中子星。

年老遗迹和年轻遗迹

不少X射线、γ射线源，是历史上超新星爆发后的遗迹。1006年、1054年有名的超新星均在我国有详细的记录，命名为SN1006、SN1054，而SNl572、SN1604分别被称为第谷新星与开普勒新星。SNl987A则是1987年被世界许多天文台观测研究的超新星。

超新星爆发遗迹，分为年老遗迹与年轻遗迹两种。

年老遗迹年龄大于1 000年，X射线辐射区域较大，能谱较软，能量较低，可探测的X射线在2万电子伏特以下。例如天鹅座圈（Cyg，Loop），船帆座X星云。脉冲星在光学、射电、X射线、γ射线波段都有辐射，这些同蟹状星云一个样。但是X星云中还有不少“亮点”。在脉冲星周围，还斑斑驳驳地散布着许多辐射。因此是一个很复杂的天体遗迹。

年轻遗迹年龄小于1 000年，X射线辐射区小，能谱较硬，能量较高。例如SN1006、SN1054、SN1572、SN1604和SNl987A等。SNl054留下的蟹状星云有多波段的辐射，并有射电脉冲与X射线脉冲。这些脉冲是星云中央的中子星自转产生的。但SN1604却没有X射线辐射，而SN1006虽然没有分立的

X 射线源，却有较大的 X 射线辐射区。由此可知，年轻遗迹的辐射也不是一样的。其中有的有中子星，有的却没有，这种区别可能与爆发前恒星的质量有关。大质量的爆发才可能形成中子星。

银河系外的 X 射线辐射

在我们银河系范围以外，也发现了不少 X 射线源。这些源有的是正常的或稳定的河外星系，有的则是活动星系（核），种类繁多。

正常星系 X 射线源是片状的、复杂的，光度在 $10^{31} \sim 10^{33}$（焦耳/秒）之间。它们的 X 射线辐射是一些致密双星和超新星爆发遗迹构成的单个源辐射的集合。据“爱因斯坦天文台”卫星的观测，邻近我们星系的 X 射线源主要是超新星爆发遗迹。比如大麦哲伦星云的源大多数是超新星遗迹，其中有 3 个是类似蟹状星云脉冲星，1 个含脉冲星。小麦哲伦星云源约 1/4 是超新星遗迹。

仙女座大星云 M31 与 M32 跟大麦哲伦星云不同，它们的 X 射线源多是双星系统。

除了在正常星系中探测到 X 射线辐射外，在特殊星系，尤其是活动星系核，也有 X 射线辐射。不过，由于这些星系核距离遥远，它们辐射很弱，因而只能进行流量的测量。

活动星系核的 X 射线光度存在长期、中期与短期三种变化。长期变化的时标在月和年。最好的例子是半人马座 α，它的 X 射线是低光度 X 射线源。在 1970 ~ 1973 年间，它的亮度在基础上增加 5 倍；1977 ~ 1978 年又回到基态，1979 年又增加 5 倍。在此期间，还出现 10 天左右的快速变化。

中期变化的时标为几天，短期变化时标只有几百秒。

类星体是一类强 X 射线源。一般 X 射线光度在 $10^{36} \sim 10^{40}$ 焦耳/秒之间，其中较强的 X 射线光度可和光学光度相比拟。

观测还发现宇宙的 X 射线背景。这个发现就如 3°K 宇宙背景辐射一样，对于宇宙的演化具有十分重大的意义，在 X 射线能量范围内。天空远不是黑暗的，弥漫的流量比已经认证的分立源的流量还要大。这些辐射大多数是宇宙起源的，所以被称作“宇宙K射线弥漫背景”或“宇宙X射线背景”。

宇宙X射线背景辐射是在狭窄的能量范围内测量的，不同的观测所用的能量范围相差很大。

一般认为这种辐射的一部分来自银河系，能量较低；另一部分是河外贡献的（主要是类星体），能量较高。

宇宙X射线背景的研究，将成为空间天文学的重要内容之一。

神秘的γ射线大爆发

γ射线暴又称为宇宙γ射线暴、γ射线爆发，简称GRB。这种射线暴具有爆发时间短、能量大、释放快等特点。最早的发现，是美国核爆炸探测卫星“维拉”（1973）所作的。后来康普顿天文台升空，一下子就探测到几百个γ射线暴。命名有两种方法，一种是用GB加注位置赤经、赤纬，如1979年3月5日特大γ射线暴为GB0526—66。另一种用日期来命名如一天内有几个爆发就加注a、b、c……例如上述特大爆发为当天发现的第2个，就记为GBl9790305b，它也就是GB0526—66。

γ射线爆发有单个脉冲、双脉冲和多个脉冲的过程。例如GB781124事件上升时间为2~3秒，衰减时间为5~10秒。爆发持续时间各不相同，最短的（CB820405）短于12毫秒，最长的（GB840304）长于1 000秒。爆发脉冲之间很少有周期性。爆发源在空间的分布是各向同性的，没有集中于银道面的趋势，也没有向银心集聚，分布也比较均匀。

我们来看看一个特殊的γ射线暴GBl9790305b。这个著名的爆发曾经被9个空间探测器观测到。它的位置跟大麦哲星伦云内超新星遗迹N49位置相符，爆发源在N49的距离约180万光年，则估计辐射能量达10^{37}焦耳。比以往发现的最强爆发强几十倍。爆发脉冲极短，从背景计数与上升到峰值，强度增加两个数量级，只用1毫秒的时间，比一般γ射线暴短几百倍。头一次爆发持续120毫秒之后，跟着发生一系列弱的周期脉冲。周期脉冲是由中子星的自转而形成的。

这个巨大的爆发源是什么？天文学界已提出了几个看法。按照我国天文学家曲钦岳的说法，这个爆发源是在银河系以内的，距离约 300 光年。这次事件可能发生在一个包含有中子星的双星系统中。由于某种原因，来自伴星的大量物质突然向中子星极区表面注入。在注入过程中，大部分电子飞向中子星表面，以热轫致辐射等机制将动能化为辐射能；极少部分电子被加速，通过非热轫致辐射产生 γ 射线，甚至可以在中子极区发生正、负电子对的湮灭而产生 γ 射线。爆发时注入中子星表面的质子与表面物质碰撞，也将动能转化为热能，形成硬 X 射线。

人们已发现的宇宙 X 射线暴有 1 000 多个，除了 GB790305b 以外，还没有一个爆发在光学、射电或红外波段观测到宁静对映体。这些爆发是随机的，来去无踪，行为不定。但能量是那么的大，所以引起天体物理学家的高度重视。它们是产生于银河系以内，还是在银河系以外的？目前流行的一种说法是，γ 射线暴起源于整个宇宙中，它跟宇宙的起源有关，但详细情况目前仍无法了解。

原始“宇宙蛋”有多小

这个问题是人们在运用大爆炸理论来探索宇宙的诞生时产生的。假设所有的天体最初都源于同一地点——宇宙蛋中，后来这个原始“宇宙蛋”突然爆炸，便成了今天的宇宙。那么，这个原始“宇宙蛋”有多小呢？

现在我们观测到的宇宙的大小是个半径约大于 10^{90} 光年的球。如果将宇宙中所有的物质挤压在一起，就是原始宇宙蛋的体积，现在的宇宙挤压到最低程度时，是个什么样呢？

科学家们假设宇宙中的一切物质都是由夸克和电子构成的，三个夸克构成一个中子和质子，即原子核。原子核和若干个电子构成物质的原子。如果夸克的直径不超过 10^{-19} 米，那么，宇宙中的全部物质可被挤压到木星那么大小的球星。

这只是个非常粗略的估算，没有包括宇宙中的暗物质，也不包括尚未观测到的更遥远的宇宙。但是，这一估算可以使我们获得关于原始宇宙蛋大体上有多小的物理概念。

因为人们现在所知道的夸克和电子的大小受现代科学技术水平的局限。所以，究竟宇宙蛋小到什么程度，仍旧是一个令人费解的谜。

知识点

夸　克

20世纪60年代，美国物理学家默里·盖尔曼和G. 茨威格各自独立提出了中子、质子这一类强子是由更基本的单元——夸克组成的，夸克具有分数电荷，是基本电量的2/3或1/3倍。所有的质子由两个上夸克和一个下夸克组成，中子是由两个下夸克和一个上夸克组成，反中子则是由三个相应的反夸克组成的。

闯入大气层的流星体

几乎每天晚上，世界各地的人们都可以看到天空中一道道弧形的光一扫而过，转眼即逝，这就是流星。

在我国古代的传说中，有许多有关流星的神话。最普遍的是说每个人都有相应的一颗星，哪一个人死了，他那颗相应的星就会落到地上来。从前的那些封建帝王，为了维持自己的统治，担心自己的健康和死亡，专门设置星官一职，观看天象，给自己预报吉凶。

这当然是毫无科学根据的一种迷信说法。因为不论有多少流星落下，天上星星的数目还是那么多。

更主要的是，科学证明流星根本就不是“星”，而是闯入大气层的一种行星际物质在大气层中摩擦时发光的现象。

在地球附近的宇宙空间，除了其他行星外，还有各种行星际物质。这些行星际物质，小的如微尘，大的似座山。在空间它们按照自己的速度和轨道运行着，所以又被称作流星体。流星体自身是不发光的。质量小的流星体闯入大气层后，和大气里的分子相撞，使空气迅速增温（能高达几千度甚至几万度）、电离和发光，自身也燃烧气化，我们看到的流星的弧形光，就是流星

体在运动过程中逐渐燃烧形成的。质量较大的流星体，进入地球大气后，除了燃烧发光外，还伴有轰鸣声，所以又称“火流星”。那些质量较大，在大气中来不及烧完的天体，就堕入地面，成了陨石。

陨石有石陨石、铁陨石和石铁陨石。我国是记载陨石最早的国家。在我国史料上有关陨石的记载至少有350多起。而在公元前3000年左右，陨石就已被人们使用了。如穆罕默德的诞生地、穆斯林朝拜的圣地、沙特阿拉伯的都市——麦加供奉着一块神圣黑石，就是一块陨石，因为它是由天而降，才被人们看做圣物供奉起来。在荷马史诗《伊利亚特》中也提过一块粗糙的铁石，它曾在一次竞技会上作为奖品，这块铁块也是一块陨石，因为当时是青铜时代，铁矿冶炼还没发展起来，铁自然成为贵重的金属。

还有一些流星飞进大气层燃烧发光，但由于速度太大，竟然能再飞出大气层扬长而去。

堕入地球大气的流星总数有多少呢？说出来会吓你一跳：每天有2万多颗重量至少是一克的流星，有将近2亿颗大到足以发出人眼可以看到的光的，此外还有几十亿颗更小的流星。

这些流星有的是单枪匹马闯入地球大气层，有的却是成群结队攻入进来，多的时候竟像下雨一样，所以人们称其为“流星雨”。

会发光的云状天体

猎户座星云和昴星团在冬季的天空中特别明亮，宛如闪闪发光的宝石。尤其是那“像一群散落在一根银色发辫里的萤火虫似的发光物”的昴星团，千百年来不知唤起多少诗人和学者的灵感。

这根银色“发辫”和猎户座里发光的大气体云，天文学家称之为星云。

星云可分为两类，一类是河外星云，顾名思义，就是指银河系以外的星云（也叫河外星系）。一类是河内星云，即指银河系范围内的星系。

现已观测到的河外星系总数为10亿个以上，而用肉眼能够看到的只有大、小麦哲伦星云和仙女座星云。这些看上去像一个个小斑点似的星云，实际和我们银河系一样，是由几亿、几百亿甚至几千亿颗恒星组成的一个巨大的恒星系统，只是因为离我们太遥远而显得渺小罢了。比如，离我们最近的仙女座星云，距离竟达 220 万光年。如果我们从那里用望远镜看银河系，银河系也成了一个发亮的小斑点了。

河内星云是由极其稀薄的气体和尘埃组成的。河内星云又分为弥漫星云和行星状星云。

大名鼎鼎的猎户座星云就属于弥漫星云，这种星云体积很大，密度却极小。星云形状既不规则，也没明显边界。它的发光，如同行星一样，是反射附近很亮或温度很高的恒星的光造成的。近年来，天文学家在猎户座星云中，发现不少正在形成或刚刚形成的恒星，有的是才有一、两千岁的“新生儿”，所以，有人认为星云是恒星的“原材料”。

行星状星云比弥漫星云小得多。星云中间有一个温度高达几万度的恒星，周围是一个发亮的圆环，人们推测它可能是恒星爆发时抛出的气体壳层。

与地外文明的邂逅

天文学家弗克·德雷克在几十年前首次启动了探寻地外文明的奥兹玛计划——用巨大的天线（射电望远镜）接受外星文明发射的信号。半个多世纪过去了，天文学家的努力仍然在继续着。然而，即使是迄今为止规模最大的“凤凰”计划，也还没有找到令人信服的任何来自外星文明的无线电信号。

美国爱德华兹空军发射基地

但是，在英国一家电视台曾播出一部纪录片《阿波罗－11》——一段没有讲述过的故事。在这部纪录片中，人类首位登上月球的宇航员艾德宁终于承认，在那里（月球）的确看到了地外文明。

长久以来，一个巨大的悬念一直困扰着地外生命的探索者们。艾德宁与阿姆斯特朗在登月的过程中究竟看到了什么？一些无线电爱好者曾经宣称，他们在“阿波罗－11”号宇宙飞船登月时成功截获了宇航员与地面指挥中心的对话，而这些对话表明，“阿波罗－11”遇上了地外文明。

“他们是谁？他们是谁？您能告诉我们他们是谁吗？天哪，我们简直不敢相信。我们在这里一切正常，但我们旁边有拜访者。我跟您说，这里还有别的宇宙飞船，并且它们都排列在火山口附近。”这是艾德宁和阿姆斯特朗在遇见不明飞行物时与地面的一段对话。

艾德宁说，当时他们从飞船的舷窗见到一个巨大的物体，这个物体呈环状，并按照椭圆形的轨迹飞行。为了弄清楚眼前的物体究竟是什么，艾德宁还用望远镜对其进行了观察。艾德宁很肯定地说：“这不是我们的飞船。”很快，宇航员从地面指挥中心也得到答复——它们不是美国的宇宙飞船。

当“阿波罗－11”返回地面时，美国总统尼克松在航空母舰上接见了首次登月的宇航员。宇航员们向总统和飞行指挥官详细讲述了飞行见闻。事后，宇航局决定，不向外界透露这些信息。

美国前登月计划科研主管戴维特·贝克尔博士在该纪录片中说，当时有人担心这种事说出去会遭到嘲讽，因而要求宇航员守口如瓶。贝克尔表示，许多宇航局的专家们相信，UFO 确实存在，而这也正是当局要严守秘密的原因。

伦敦上空的 UFO 事件

贝克尔称，没有人能够解释清楚，“阿波罗－11”号看到的究竟是什么。不过，自从第一次登月之后，许多飞船的机组人员都在太空遇见过奇怪的物体。

据悉，美国宇宙飞船在登陆月球时共拍摄了 700 张胶片，其中有 698 张胶片从国家档案馆中神秘消失，而剩下的两张胶片如果没有特别许可，一般人也不得观看。

知识点

UFO 现象

UFO 全称为不明飞行物，也称飞碟，是指不明来历、不明空间、不明结构、不明性质，但又漂浮、飞行在空中的物体。一些人相信它是来自其他行星的太空船，有些人则认为属于自然现象。20 世纪 40 年代开始，UFO 现象不断见诸报端，但至今尚未发现确实可信的证据。许多不明飞行物照片经专家鉴定为骗局，有的则被认为是球状闪电……

从天而降的石头“访客”

相传在 18 世纪，有几个农民带着陨石到法兰西科学院，却被彬彬有礼地拒之门外，因为谁也不信这些“来自天上的石头”的故事，反而斥之为“迷信”。1807 年，美国有两名学者报道说，亲眼目睹了一次星陨，可当时的美国总统杰克逊却宁可相信这两位学者是在撒谎，也不愿承认石头会从天而降。

直到 19 世纪 30 年代，一场狮子座流星雨才把西方人惊醒，使他们开始正视这些“天外来客”——陨石的客观存在。

而我国却是记载陨石最早的国家，史料中关于陨石的记载至少有 351 次之多，其中最早的一次陨石记载距今 3 791 年，这些珍贵的资料为人类研究“天外飞来石”作出了重大贡献。

陨石主要有三类：石陨石、铁陨石、石铁陨石。此外还有罕见的玻璃陨石和冰陨石。

经天文学家测定，陨石年龄基本与地球的年龄一致，大约为 46 亿年。但是，在这漫长的岁月里，由于地球内部物质运动等原因，地球形成初期的物质或已不存在，或深埋在地核中。地球的原始面貌发生了惊人的变化。而陨石却不同，它体积小，没有地球的巨大变迁，仍保持着当初形成时的真面目。所以，陨石为研究地球的演变过程和宇宙变迁提供了宝贵依据。

地球和太阳系中其他天体又都是同时从原始星云凝聚、演变而来的，陨石也就自然成了太阳星云的考古标本，它能为研究太阳系的形成和演化提供难得的信息。

科学家们还从陨石中发现了氨基酸和其他有机物，而氨基酸正是组成生命的基本单位——蛋白质的主要成分。因此，陨石又给我们探索生命的起源和发展提供了不少线索和启发。

陨石的前身——流星体长期在太阳系空间遨游，宇宙间的核反应、宇宙射线等都在它身上留下了不可磨灭的烙印。这将有助于我们揭示周围空间许许多多的不解之谜，如化学元素的起源，月球上环形山的形成等，还能为人类航天飞行领域提供有价值的材料和重要线索。

月球表面的陨石

总之，陨石是人类能拿来考察的唯一地外物质，研究它由什么物质构成，结构是什么？怎样形成的？又是如何演化的？这对天体史、地球史、生物史以及天体物理学、天体化学、高能物理学和宇宙空间科学等方面的研究都有极其重要的价值。

“天外来客”——陨石的确是珍贵的天体标本。

知识点

原始星云

在约50亿年之前，宇宙中有一个比太阳大几倍的大星云。这个大星云一方面在万有引力作用下逐渐收缩，另外在星云内部出现许多湍涡流。于是大星云逐渐碎裂成许多小星云，其中的一块星云就是太阳系的前身，这块星云就被称之为“原始星云”，也叫“太阳星云”。由于原始星云是在湍涡流中形成的，因此它一开始就不停地旋转。

神秘的“通古斯大爆炸”

1908年6月30日凌晨，俄国西伯利亚通古斯河畔，突然一声天崩地裂的巨响，一束圆柱状的蘑菇云冲天而起，热流飞卷，牲畜被焚烧，金属遭到熔化，草木成灰炭。附近牧民的帐篷也被一阵狂风刮得无影无踪。这就是震惊世界的“通古斯大爆炸”。

至于这次灾难性大爆炸的起因，人们大都认为是天体撞击地球的结果。虽然其中迷雾重重，如，找不到一个陨石坑，也没发现一块陨石碎片。但是，人们在这块土地上却有了一个惊奇的新发现：当时因爆炸夷平的椭圆形地带的树木重又绿树成荫，附近松树年轮也明显比从前变宽10~15倍。

是什么促使植物生长加快，并增加了抵御自然界不良影响的能力？科学家们提出了种种解释。有人认为是坠落体的放射性改变了植物的遗传密码；有的说是因撞击、震动而使土地疏松，起到了深耕效果；也有人提出是大爆炸产生了氮氢或氮氧化合物，肥沃了土地。

1983年，苏联科学家做了个试验：使用通古斯爆炸区所产生的天体物质来喷洒农田，结果，农作物长得格外好，产量也增加10~70%。科学家们由此产生了制造“宇宙肥料”的设想，并成功地研制出了一种宇宙肥料。据说，使用研制的宇宙肥料，能使马铃薯增长50%，对牧草的生长更具奇效。

飘荡在太空中的残骸

20世纪80年代，科学家对在地球轨道和行星轨道上的6194个人造天体进行了调查，结果惊讶地发现，只有300个卫星尚在运行。其他5894颗卫星竟不复存在，或是成了不能工作的“僵尸”。取而代之的是轨道上4万多块高尔夫球般大小的残骸，尺寸比这更小的，简直不计其数。到20世纪90年代，这些轨道残骸竟翻了一番，高达8万块。

这些残骸就是人们所说的轨道垃圾，也叫太空垃圾。

太空垃圾中只有一小部分是宇宙飞船的一些部位，如过渡仓、密闭仓、散落的各种仪器的残骸。大部分的太空垃圾源于空间爆炸。有的空间爆炸是偶发事故，如飞船到轨道爆炸抛出大大小小的残骸。多数空中爆炸实属某些人蓄意造成。如20世纪50年代苏联和美国进行了多次反卫星和弹道导弹防御试验，有意将在轨道运行的数颗卫星炸毁，致使数千万的残骸抛在轨道上。这些大大小小的轨道残骸彼此相撞，甚至与卫星相撞，太空垃圾就像滚雪球一样，越撞越多。

高速运行的太空垃圾成了天文学研究的人造天敌。据统计，各种航天器与这些残骸相撞的危险性比陨石相撞大1~4倍。美国的“挑战者”号、苏联的Kcsmosl275、欧洲空间局的GEOS等卫星，都遭到过太空残骸的袭击。1988年发射的“哈勃”空间望远镜也时时受到与太空垃圾相撞的威胁。直接碰撞在望远镜上的小孔，使望远镜失光，削弱了空间望远镜观测暗弱天体的能力。

太空垃圾这可怕的“天敌”不仅给航天科研造成破坏，威胁宇航员的安全，也严重影响着地面天文学研究。人造轨道残骸就像重重围栏一样，使本来就受大气层的阻碍而很艰难的地面目视观测更增难度。光学天文学因受轨道残骸的影响，拍摄的天体照片的底片上可能会出现几个轨迹，严重破坏底片的科学价值。太空垃圾小小的反射微粒会妨碍无线电传输，中断讯号，威胁射电天文学的发展。

铲除太空垃圾，已成了人类面临的重要任务之一。遗憾的是，太空是不可能自行清除轨道残骸的。残骸所处高度越高，留在轨道上的时间就越长，滞留时间最长的可达300年以上。太空垃圾是人为制造的，还需人类自己去清除。尽管人们已有不少设想，如成立打捞公司，建造一个装有数千米直径“铲斗”的垃圾收集器；改进火箭燃料、淘汰卫星多余零件等等，但最重要的还是杜绝太空垃圾滋生的源头，尤其是人为的空间爆炸，这需要全人类的共同努力。

宇宙中的“引力幽灵”

1968年以来，国际天文研究小组的“七学士”（天文学家费伯和他的同事们）在观测椭圆星系时发现，哈勃星系流正在受到一个很大的扰动。所谓哈勃星系流就是指宇宙所表现出来的普遍膨胀运动，有时简称哈勃流。这是根据著名的哈勃定律、由观测星系位移现象所知晓的。哈勃流受到巨大扰动这一现象说明，我们银河系南北两面数千个星系除参与宇宙膨胀外，还以一定的速度奔向距离我们 1.05 亿光年的长蛇座——半人马座超星系团方向。

天文学家们经分析认为，在长蛇座——半人马座超星系团以外约 5 亿光年处，可能隐藏着一个非常巨大的“引力幽灵”——“大引力体”（或称“大吸引体”）。

有人用电子计算机作理论模拟显示，发现这个神秘的大引力体使我们的银河系大约以每秒 170 千米的速度向室女星系团中心运动，与此同时，我们周围的星系也正以每秒约 1 000 千米的速度被拖向这个尚未看见的大引力体。有人推测，这个大引力体的直径约 2.6 亿光年，质量达 3×10^{16} 个太阳质量，距离我们大约 1.3 亿光年。我们处于大引力体的外层边缘。

但是，也有人否定这个“引力幽灵”的存在。如英国伦敦大学的天文学家罗思·鲁宾逊及他的同事们，在仔细观察了国际红外天文卫星（1983 年发射）发回的 2400 张星系分布照片后断定，已观测到的星系团如宝瓶座、长蛇座和半人马座等，比以前人们认识的要大得多，其宽度大约有 1 亿光年。这些庞大的星系团中存在着足够的物质，也足以产生拉曳银河系的引力，而不是什么别的大引力体。

究竟有没有大引力体，的确是一个令人费解的宇宙之谜。

神秘的星际消光现象

宇宙的星光到达地面时其实已不是原来的模样，而是大大减弱了。究竟是什么东西造成了星际消光现象呢？这是一桩早在 19 世纪末就摆在人们面前的天文疑案。

航天技术的发展给人们了解这一疑案提供了条件。人们利用人造卫星研究的结果，将宇宙的星光展成光谱，发现在红外区域的 3.1 微米、9.7 微米、6～6.7 微米以及紫外区域的 0.22 微米波长处都有强烈的吸收带。可是，后来一次次的模拟实验将一个个假设的物质都否定了：既不是石墨构成的宇宙尘，又不是硅酸盐尘，也不是带有苯核的有机物。不久前，英国科学家霍伊尔根据“宇宙中充满了微生物”的大胆设想，异想天开地用大肠杆菌进行模拟实验，竟然在紫外线 0.22 微米的波长范围，找到了与星光相吻合的吸收带。日本学者也相继对大肠杆菌进行了研究，惊喜地在红外区域 3.1 微米、9.7 微米以及 6～8 微米都找到了相似的吸收带。

如果真是像大肠杆菌这样的微生物造成了星际消光现象，岂不证明宇宙星际中有生命存在吗？这不禁又使人想到另一桩人类的千古悬案：生命起源之谜。

这场探究星际消光现象的实物模拟实验为“生命源于天外说”提供了依据。

华丽的焰火盛会——流星雨奇观

1833 年 11 月 13 日这一天，美国居民被夜空中突如其来的奇观惊呆了：只见成千上万颗流星仿佛从狮子星座的某一点喷射出来一样，一道道弧光把天空点缀得如同一次焰火盛会，其华丽程度空前绝后。这就是著名的“狮子座流星群”型流星雨。

出现流星雨的道理和流星一样。不同的是：流星雨是地球在运行过程中，与绕太阳运行的一大群流星体（流星群）相遇而形成的。

我们已经知道，流星体都是些各种各样的行星际物质，这些小天体各自按照自己的轨道和速度运行着，有时它们会发生碰撞。大块的流星体就会撞成碎块，成为一大群小流星体。或是碰撞后很多小流星体聚集成群，它们沿着同一轨道运行，就形成了流星群，

现在已知的流星群有 500 多个，如著名的天琴座流星群、英仙座流行群、大龙座流星群、狮子座流星群等。已查出有十几个流星群与彗星有关。彗星运行时，由于内部气体爆炸，加之太阳压力的作用，或由于和流星体碰撞而逐渐瓦解，瓦解过程中抛出的尘粒逐渐脱离彗星，形成了流星群。比拉彗星就是一个突出例证。这颗 1772 年就已观测到的彗星，1846 年 1 月彗核一分为

二，成为两颗彗星，二者之间距离也慢慢加大。1859 年回归时，因其位置离太阳太近，没观察到，1865 年回归时，仍没观测到，1872 年回归时，还是没看到。但在这一年 11 月 27 日夜里，当地球穿过比拉彗星轨道时，发生了奇迹，天空中出现了灿烂的流星雨，像放焰火一样，一直持续了 10 个小时之久。1885 年 11 月 27 日，地球又经过比拉彗星轨道，流星雨又出现了，5 小时之内有千万余颗。以后流星雨逐年减弱，这说明比拉彗星已经瓦解，这一流星群就是由比拉彗星的残骸形成的。

地球仪

同一个流星雨，为什么几乎总是在一年的相同时期出现呢？比如每年 8 月 11 日至 12 日，在英仙座方向都会出现流星雨，每小时都能看到 40 到 50 颗。这是因为流星群的尘粒沿着椭圆形轨道分布，也有一定的公转周期。地球的轨道如果和某一流星群的轨道相交，那么地球至少每年在相同的日期穿过流星群一次，于是就产生了同一个流星雨。如果流星群的尘粒是均匀地分布在整个轨道上，那么地球每年穿过流星群时，就会遇到数目几乎相同的尘粒了。

而狮子座流星群属于另一类，它的尘粒物质大量集中于一处，这一团流星体只有公转一周后才会与地球相遇。狮子座流星群的公转周期是 33 年。虽然每年 14 日到 20 日都会出现狮子座流星雨，但流星数目很少，只有每过 33 年才出现一次像 1833 年美国人看到的流星雨奇观。

地球上“昨天”和“今天”的分界线

当北京刚过 1 月 1 日子夜 12 点钟，新的一天（2 日）开始时，西半球的美国纽约却还是 1 日下午 2 点钟，而北京以东的千岛群岛竟是 2 日的黎明了。为什么各地时间不一样呢？原来这是地球自转的结果，所以子夜、黎明、中午不停地，周而复始地在地球各地循环，各地就有了自己的当地时间。那么地球上的“今天”到底从哪儿开始，“昨天”又在哪儿结束呢？

“今天”和“昨天”的分界线，被称为“国际日期变更线”，简称“日界线”。这个界线可不像国界线看得见、摸得着，它是人们规定的一条假设的线。这条界线从北极开始，经过白令海峡，穿过太平洋，直到南极为止，位于地球上180度经线附近。地球上年、月、日的交替，都从这条线上开始。它是地球上每一个新昼夜的出发站，同时也是终点站。日子从这里“诞生”后，就开始了它的“环球旅行”，它向西环绕地球一周，又重新回到诞生的地方，当午夜重新越过这条界线时，新的一天又开始了。

为了避免出现时间混乱，当轮船在大洋上越过日界线时，需遵守一项特殊的规则：轮船从西往东越过这条线时，要把同一天计算两次，也就是某月1日过去了，第二天还算某月1日；轮船从东往西越过日界线时，则要把日子跳过一天，也就是一下子从日历上撕去两张。这样，在越过这条国际日期变更线时，人们就不会记错日子了。

宇宙中的“隐”君子——宇宙暗物质

在浩瀚无际的宇宙中，有许许多多难解的谜团，宇宙暗物质就是其中之一。

近代天文学获得的越来越多的证据表明，人类借助整个电磁波谱的电磁辐射探测到的全部物质，仅是宇宙中实际存在的物质的很少一部分。那大约占宇宙总物质量90%的便是与发出或吸收电磁射线的可观物质截然不同的宇宙中的“隐”君子——暗物质（又称反物质或宇宙的“影子”）。

如何确定暗物质的存在呢？可以根据各种可见物质的引力影响来推断。以银河系为例，从我们附近的恒星运动可看出，银盘里的物质的引力影响比我们发现的恒星和气体物质的引力影响大50%。无论是星际气体还是极暗的恒星（包括比太阳暗10万倍甚至更多倍的单个恒星）都达不到奥特密度极限（奥特根据银盘外的恒星位置和运动，推算了在牛顿引力作用下银盘所含质量，得出的0.1太阳质星/秒差距一值）的10%。

那么，隐匿在大质量天体附近的暗物质可能是什么呢？人们的说法不一，有人推测可能是褐矮星，或是暗的矮星。也有人认为是黑洞（质量类似行星、直径仅有几厘米的小黑洞，或质量为太阳的100万倍、直径上百万千米的大黑洞），还有人提出可能是一种奇异的粒子——轴子，或中微子、宇宙弦之类的天体。

我们人体是由组成恒星的原料构成的，但是大部分宇宙是否也是由组成恒星、地球、人体的原料构成的呢？宇宙中与可见物质不同的暗物质到底有多少？它们有什么作用？至今仍是无法解释的谜题。

知识点

褐矮星

褐矮星是处于最小恒星与最大行星之间大小的天体，构成类似恒星，但质量不够大，不足以在核心点燃聚变反应。褐矮星非常暗淡，要发现它们十分不容易，因此要确定它们的大小就更加复杂。最近天文学家成功地发现了组成双星系统的两颗褐矮星，在确定它们围绕共同重心运行的参数之后，计算出了这两颗褐矮星的重量和大小。

“时空隧道”的理论假说

美国著名科学家约翰·布凯里教授经过研究分析，提出了以下一些有关“时空隧道”的理论假说，引起了人们的广泛关注。他说：

1. “时空隧道”是客观存在的，它无形无光，对人类，它是关闭的，但又不完全关闭——偶尔开放，如果有人偶尔碰上，就会被拉进去。

2. “时空隧道”与人类世界不一样的是：“时空隧道”具有另一套时间体系，进入其中有可能回到遥远的过去，或进入未来。因为在“时空隧道”里，时间具有方向性、可逆性，可以正转，也可倒转，还可以相对静止。

3. 对地球上的人类和物质来说，被吸入“时空隧道”就象征着神秘失踪，而从“时空隧道”中出来，又意味着神秘再现。

由于“时空隧道”的时间可以相对静止，故而在地球上失踪几十年、上百年，对其人类和物质而言就像仅仅过了一天与半天一样。

怪事频发的“百慕大”

百慕大三角是太平洋上的一个神秘地带，这里怪事频发，让人们无法解释清楚。

1. 海风号失踪 8 年后现身

1981 年 8 月，某天，一艘英国游船——海风号，在“魔鬼三角”——百慕大海区突然失踪，船上 6 人也骤然消失得无影无踪。

不料，8 年过去了，1989 年的一天，这艘船在百慕大原海区又奇迹般地出现了！船上 6 人安然无恙。

据采访，这 6 个人共同的特点就是当时已失去了感觉，他们毫无觉察已逝去了 8 年时光，并以为仅仅是过了一瞬间。调查人员不断地告诉他们的确是过去了 8 年，最后他们才勉强接受这个事实，因为他们只感觉过了一会儿，他们所有人都感觉他们当日似乎什么也没干。

澳大利亚 UFO 专家哈特曼是此次事件调查人员之一，他对此事有着十分浓厚的兴趣。虽然以前曾有失踪的船只出现，但无法弄清楚事情的原委。在百慕大海区失踪的人员重新再现还是首次。尽管这 6 个人难以圆满回答调查人员的话，但他认为，用催眠术或许能搞清他们这次奇遇的细节，从他们身上会得到惊人的发现。

这件怪事，虽然出现了时间差异，但非常有利于研究第 I 类世界和第 II 类世界之间的时间差异问题，也是对“时间隧道”进行研究的好素材。这与在诸多不明飞行物案例中，当事者产生时间丢失或产生衰老现象是同样重要的案例，引起了有关科学家极大的重视。

2. 气球神秘失踪 36 年又再度重现

1954 年的一天，天气晴朗，视野清晰，在加勒比海上空，驾驶员夏里·罗根和戴历·诺顿驾驶气球和其他 50 个参赛者进行气球越洋比赛。突然，这个气球在众人面前，一下子莫名其妙地消失了。各方面都查找了数年，也没有结果。

百慕大三角示意图

1990年，这个气球又突然在古巴与北美陆地的海面上出现。它的出现曾引起古巴和美国政府的极度恐慌，特别是古巴，误以为美国派出秘密武器要发动军事进攻了。

古巴飞机驾驶员真米·艾捷度少校说："就在一分钟之短的时间内，天空便倏地冒出了一个气球。"当时古巴军方在雷达上发现了这个气球，认为是美国的秘密武器，曾一度派飞机想把它击落，最后气球被古巴飞机迫降在海上，气球上的2名驾驶员则由一艘巡洋舰救起，送到古巴一个秘密海军基地受审。

探测雷达，
寻找来自太空的信息

这件怪事不但让古巴人感到惊讶，连诺顿和罗根本人也同样感到迷惑不解。这两个驾驶员说他们当时正在参加由夏湾拿到波多黎各的一项气球比赛，忽然感到全身有一种轻微的刺痛感觉，就好像是微弱电流流过全身一样，然后在眨眼间，他们面前的所有一切都变成一片灰白色，之后他们只记得有一架古巴飞机在他们气球面前出现，对于时间已经过去了36年，他们竟然毫无知觉！

芝加哥调查员卡尔·戈尔曾对罗根与诺顿的讲话进行调查，证明他们在1954年的确参加了一项气球比赛，在途中神奇地失踪了。戈尔认为这气球进入了时间隧道。"对他们来说可能只是一瞬间，可在地球上却已过去了36年，差异很大。"因此说，这是一条比地球时间慢很多的神奇隧道。

类似上述的案例还有很多，其共同点就是失踪者再现，其经历的时间比地球慢。但是，也有失踪者感到时间变快的事件。

3. 93名船员骤然衰老的不解之谜

在百慕大魔鬼三角区出现过这样的怪事，一艘苏联潜水艇一分钟前在百慕大海域水下航行，可一分钟后浮上水面却到了印度洋上。航行几乎跨越了半个地球，潜艇上的93名船员全都在1分钟之内衰老了5~20年。

此事发生后，苏联军方和科学界立即开始对潜艇和所有人员进行调查研究，并提供了3份报告。

研究人员阿列斯·马苏洛夫博士的观点是："这艘潜艇进入了一个时间隧道的加速管道。虽然人们对它了解甚微，但除此之外，找不到更合理的解释。""至于在穿越时空之际，我们只知道速度对人体某些部位有影响，但具体有何影响，我们也知道不多。那些船员竟在很短时间内衰老了5~20年，却是我们前所未见的。"

该潜艇指挥官尼格拉·西柏耶夫说："当时我们正在百慕大三角执行任务，一切都很正常，不知什么原因，潜艇突然下沉。""它来得突然，也停得突然，接着一切又进入了正常状态，只是我们感觉有些异常，便下令潜艇浮出水面。""整个事件发生得实在太快了，我们都没有时间来得及思考，而当时我们的领航仪表明我们的位置已在非洲中部以东，就是说我们在瞬时之间行进了1万千米。"潜艇立即与苏联海军总部进行无线电联系，联系结果证实他们的位置的确在印度洋而不在百慕大。

这艘潜艇回到黑海的潜艇基地后，艇上人员立即被飞机送往莫斯科的一个实验室，专家对他们进行检查，结果发现他们明显地衰老了。典型特征就是皱纹、白发、肌肉失去弹性以及视力减弱等。从使人衰老这方面看，这的确是一个悲剧，但站在科学的角度，这却是一个可喜的新发现。这个事件告诉我们，可能存在着一个比地球时间快的时间隧道。

4. 漂流45年后获救的士兵

1945年美国一艘战舰触雷，其舰上的25名士兵被迫漂流海上，1989年获救。

1945年在南太平洋由于遭到日本潜水艇袭击，美国海军印第安纳波利斯号巡洋舰沉没于大海之中，战舰上有25名美军士兵，直到1989年菲律宾渔民将他们救起。

当人们接到SOS求救信号后，发现这25名美军士兵正坐在一个海军救生艇中，漂浮在菲律宾南部的西里伯斯海。他们所在的那个区域经常发生神秘

百慕大上空已经发生
多次飞机神秘失踪事件

的失踪事件，人们称之为“南太平洋魔鬼三角”——即龙三角海区。

美国海军当局对于这批水兵的出现感到极度困惑，这些重新出现的士兵，仍像45年前巡洋舰沉没时那样年轻。而被救起的25名美国士兵感觉自己仅漂流了9天，而事实上地球上已过去了45年。

印第安纳波利斯号巡洋舰的沉没是美军历史上最不幸的事件之一。当那条船秘密向冲绳岛运送完原子弹部件，尔后向菲律宾开出时，突然遭到5颗水雷拦阻袭击而丧生大海，当时甲板上总共有1196人。而此次海难仅有25人有幸重生，其余1171人身在何处，无从知晓。

面对这种现象，我们除了用时间隧道外无法用其他事体对其加以解释。

如果我们按照士兵所说的9天与45年的比数来计算，忽略掉当时巡洋舰的航行速度与地球自转速度（250米/秒），假如巡洋舰进入了时空隧道，根据推算，那么它起码应达到844.9千米/秒的高速度，显然这个速度与光速相差甚远。可惜目前做这样的试验还存在着一定的困难。

5. 失踪24年再现的渔民

1990年8月，一只帆船——尤西斯号在一处偏僻海滩搁浅，此船属于委内瑞拉加拉加斯市，失踪了24年后又再度重现（这只船在24年前因一次飓风在百慕大三角区失踪）。帆船上3名船员由土著居民救起之后，就被送到卡拉卡斯市寻求援助。

医生检查完这3个人的身体后说：“这3人虽然经历这么多年，但一点也没有衰老，他们好像没有经历任何时间。”柏比罗·古狄兹医生说：“这3名船员中年龄最大的一个在失踪时是42岁，按理说他现在应该是66岁的老人，可是目前看起来他依然像40多岁，身体非常健康。”

这3名船员之一——来自美国缅因州的职业渔民柏狄·米拿说：“我们什

么也记不清啦。只记得我们当时扬帆出海，向艾路巴岛驶去，希望能捕到当地盛产的马林鱼。忽然起了场飓风，转眼天色大变，乌云漫天，波涛汹涌，电闪雷鸣，我们便立即将船向岸边驶去，这便是我所知道的全部过程。我还知道的就是我们的船只搁浅了，当我们向那里的土著人问起时，才知道今年是1990年。我们最初还以为他们是在开玩笑。我们是1966年1月6日出发的，原来打算出海捕鱼7天，没想到转眼就已过去了24年！”

提比·保利维亚是船上最年轻的，19岁。他说他记得遇到1966年那场飓风前，他们还捕到一条金枪鱼。当他们回到岸上后，当局派人上船寻找，果真在船舱冷藏库中找到了那条金枪鱼。调查人员说：“这条鱼仍然十分新鲜，就好像是刚捕到的一样。”

英国政府曾查阅了1966年的记录，证实当年确有这么一艘帆船莫名地消失了，原因不明。

这件事也只能有一个解释：帆船进入了时间隧道中，时间变慢。至于是什么让其进入了时间隧道？是否有不明飞行物在现场作怪，目前还无法断言。现代社会也发生过与此类似的案例：1994年夏，一架由菲律宾起飞的客机飞往意大利，中途经过非洲东部上空时，突然消失了20分钟（在雷达屏幕上消失后再现），到达意大利机场时迟了20分钟。可是机上乘客和机组人员对此毫无知觉，每人的手表指针也没有晚点。该飞机是否进入时空隧道，还是受不明飞行物影响作用所致？还有待进一步探讨。

星空观测的工具——天文台、望远镜

XINGKONG GUANCE DE GONGJU TIANWENTAI WANGYUANJING

工欲善其事，必先利其器。有了合适的工具，事情办起来就会事半功倍，在天文探索问题上，这一至理名言得到了很好的诠释。有目共睹，天文望远镜等天文探索工具的出现，一下子使人类探索天文的脚步大大地加快了，这几乎是个划时代的进步，伽利略利用望远镜第一次“仔细”观察到了月球表面上的环形山，时至今日，天文望远镜已经有了飞跃发展，人类探索宇宙也因此有了极大的进步，可见望远镜出现和利用对人类探索宇宙有着多么大的功劳。

打开宇宙大门的一把金钥匙

在天文学漫长的历史中，人类只是用一双肉眼观测天体。自 1609 年伽利略第一次将望远镜指向星空，人类便有了洞察宇宙的千里眼——天文望远镜。近 400 年来，天文望远镜经历了漫长而曲折的发展过程，从口径仅几厘米的单透镜物镜的折射望远镜，发展到口径 1 米的消色差折射望远镜、口径达 5 ~ 6 米的巨型反射望远镜、可以捕捉到月球表面微弱如烛的光线的口径 10 米的大望远镜、具有大视场和大光力的折反射望远镜，以及具有各种特殊用途的望远镜，如观测太阳的塔式太空望远镜、用于天体测量学中的中星仪、天顶仪、棱镜等高仪……天文学家们利用这些不同规格不同用途的天文望远镜，收获了许许多多激动人心的发现。

1. 建立了科学的太阳系概念

伽利略用天文望远镜发现了金星从圆到缺的位相变化。后来的天文学家们又用天文望远镜发现了恒星的光行差和周年视差，有力地证明了哥白尼的日心地动说的正确性；揭示了地球只是一颗边自转边绕太阳公转的普通行星；揭开了日月星辰东升西落、一年四季春夏秋冬的真正原因；先后又发现了天王星、海王星、冥王星以及众多的卫星和2300多个小行星。科学的太阳系概念逐渐确立起来了。

专业天文望远镜

2. 打开恒星世界的大门

天文学家凭借威力日增的天文望远镜，不仅确立了数量达2000亿颗、直径有10亿光年的巨大银河系概念，而且还发现了银河系外其他无数星系，打开了恒星世界和星系世界的大门。

3. 促进了天体物理学的发展

由牛顿发现光谱到能从光谱分析中得知天体的物理、化学性质，使天文学的研究进入了一个新的物理时代。一门研究天体物理、化学性质的学科诞生了，它叫做“天体物理学”。19世纪是天体物理学蓬勃发展的世纪，直到今天，天体物理学仍然是天文学领域中的热门学科。

尽管天体物理学的发展主要应归功于分光术、测光术和照相术，但这些探测手段都必须与望远镜配合才能生效，因此可以说天文望远镜促进了天体物理学的发展。

可见，没有天文望远镜，就不可能有当代天文学。天文望远镜不愧是人类打开宇宙大门的一把金钥匙。

早期望远镜制作与利用

在自然科学的各种分类科学中，天文学是最早发展起来的。在人类有文字记载之前，由于农业和实际生活、巫神祭祀等活动的需要，人们就注意观察日月星辰了。可是，当时的观察工具很简陋。有些仪器开始做得很粗糙，后来做得精细些，但都是测量天体角度的。比如做一个十字量角器，它实际是一根木尺，一根横着它的小木尺，可在主尺上前后滑动。但这种工具只可测出任意两个天体间的角距离。哥白尼当时在小天文台上用的，正是此类观测仪器。这类仪器最精密的要数我国元代科学家郭守敬（1231～1316）制作的13件仪器，它们的仿制品现存放在北京古观象台上。当时测角的精度可达几个角分了。北京古观象台是世界上现存最古老的天文台，它闪耀着中华天文学的光辉，令世人钦佩。现今，凡有外国天文学家到北京，都喜欢到古观象台参观学习一下。

人类经过了几千年的简易观测，一直到1609年才开始出现重大的变化。在这一年，天文望远镜诞生了，标志着天文学发展开始进入一个崭新的阶段。

伟大的科学家伽利略

1564年2月15日生于比萨的伽利略，1642年1月8日病逝，享年78岁。他在一生中做出了许多重大的发明与试验，被誉为“近代科学之父”。

1608年，荷兰密德尔堡一家眼镜店的工人利珀希偶然地用两个镜片对叠时，发现了远处的目标显得很近；他又用一个圆筒，两端装上透镜，就成为一架简易的望远镜了。

1609年7月的一天，伽利略来到威尼斯，听他的朋友萨比讲述了利珀希的故事。萨比也鼓励他去做一架望远镜来。于是伽利略经过多次研究与试验，

终于制造出一架放大9倍的望远镜。镜子用两个风琴管子组成，粗管子端装凸透镜，细管子端装凹透镜。小管子可在大管子中移动，以便让人看得更清晰。按现代的说法，前端的为“物镜”，后端的为“目镜”。小管子的前后移动，称作“调焦”。他用了不到一个月的时间，就制成了他虽曾听到却未曾看见的、由别人首先发明的望远镜，实在令人赞叹。后来伽利略又制作了一架效果更好的望远镜。1609年8月21日，威尼斯总督及达官贵人都来到圣马可教堂的钟楼上验证伽利略的发明。以后伽利略制作了不少望远镜出售，同时也不断地改进他的望远镜。在这年的12月，他制作出口径44毫米、放大33倍的望远镜。此刻，望远镜已不再是玩具了，而是具有真正科学意义的天文望远镜了！

伽利略用自己制作的望远镜去观看月亮，发现月亮上有高山和平原。他按意大利的两座大山的名字，命名月亮上最明显的山脉为亚平宁山与阿尔卑斯山。从此，月亮上的山就以地球上的山来命名（月亮上还有喀尔巴阡山、高加索山、阿尔泰山、朱拉山等）。

1610年初，伽利略用望远镜去观测木星，发现木星旁边有4个小星点，原来它们是围绕木星旋转的卫星。后人为纪念他，将这4个大卫星统称为“伽利略卫星”。就在这一年，伽利略用望远镜发现了金星有位相变化，太阳上有黑子，银河是由无数恒星组成的。这一系列重大发现，都是史无前例的。它们说明天文学的发展已由肉眼直接观测进入光学望远镜的观测阶段。

望远镜是人们眼睛的“延长”，可以使人们看得更远，看得更清晰。望远镜的物镜起着收集光线的作用，它的直径愈大，收集的光线就愈多，因此可以看见空中更暗的天体。而望远镜的目镜起着放大作用，同样一个物镜的望远镜，一般配备好几个目镜（不同焦距的目镜），其目的是为了得到不同的放大倍数。设物镜的焦距（由透镜中心到物体聚光到一点的距离）为F1，目镜的焦距为F2，则放大率$G = F1/F2$。比如物镜焦距$F1 = 1950$毫米，目镜焦距$F2 = 40$毫米，此时放大率$G = 1950/40 = 48.75$（约49）倍。如用$F2 = 7$毫米的来观测，则$G \approx 279$倍。然而望远镜的放大率不是无限大的，它还要受天文观测的大气条件的限制，也受光学制作技术的限制。因此，一架物镜有效口径为100毫米的镜子，它的实用放大率为14X～150X（X表示倍数）；口径200毫米的实用放大率为30X～300X。天文望远镜的主要性能（放大率、分辨率）决定于物镜的口径大小，所以望远镜的口径有愈做愈大的趋势。

伽利略所制作的望远镜，物镜只有一片凸透镜，而凸透镜是有“色差”的。光射过透镜的不同厚度，折射方向不一致，以至在焦点附近产生一个淡淡的光环（由不同颜色的光构成），使人们很难看清楚天体的像。后来有人发明了消去色差的物镜，利用不同型号的玻璃，做成不同的弯曲度，并胶合在一起，成为消色差物镜。而且目镜也由单镜片变为多镜片，种类也有好几种。

目前世界上最大的折射望远镜在美国叶凯士天文台。它的物镜口径为1.02米。从1897年诞生以来，还没有人制造出比它更大的镜子。这是因为此类望远镜的研制极其困难，而另一类同它一样功能的望远镜（叫反射望远镜）制造起来却容易得多。反射望远镜是由英国伟大的科学家牛顿发明的。

牛顿于1668年创制出第一具反射式望远镜。物镜不用透镜，而用一个球面镜来收集天体光线。在镜子的焦点附近放一个放大目镜，在镜筒中设置一个45°的平面反射镜（此平面镜很小，不会挡住太多的入射光）。这类反射镜最大的优点是没有色差，口径可以做得比较大。后来，人们设法在主镜面上镀一层铝或银，镜面便具有更好的反射率。物镜也由球面镜改为抛物面镜。

反射镜的另一大改进是由德国光学家卡塞格林于1672年实行的。他将牛顿式镜子中的平面反射镜改为凸双曲面反射镜，在物镜中央挖个洞，使光线聚焦于物镜的后方。由于卡塞格林的焦点在外面，可以很方便地安装各种接收器，如光电倍增管、摄谱仪等终端设备。

反射望远镜有许多优点，例如没有色差、观测波段宽、比折射望远镜更易制造等。但它也存在固有的不足，如口径越大视场越小、物镜需要定期镀膜等。现代的大口径光学望远镜大都是反射式的。

反射镜在300多年前才广为采用，虽然其中的不同形式的原理已在更早50年就由牛顿、卡塞格林及其他人说明过了。威廉·赫歇耳爵士制造了不少的反射望远镜，还用了几架来考察天象。100多年前，爱尔兰业余天文学家罗斯爵士有一架直径1.8米的大反射望远镜，在当时已是巨无霸了。这架大望远镜为人们所知，是因为它第一次看到了有些遥远天体的旋涡结构，那些天体后来就叫做旋涡星云。

早期反射望远镜的镜子是用金属盘做成的。当镜面暗了的时候还需再磨光。赫歇耳、罗斯等人的大望远镜的机械部分相比现代的来说是非常粗糙的。

它们并不能忠实地追随天体的西移运动，这对于摄影是十分关键的，或者说，其实在几乎所有现代天文观测中都是很重要的。

约在200年前金属才被玻璃代替。将圆玻璃的一面磨成所需要的形状是镜片的基础——它的曲面上则需镀一层极薄的银膜或铝膜。它对红外区和紫外区都有较好的反射率，适于在较宽的波段范围研究天体的光谱和光度。镀银（铝）面暗淡不明时，可以很容易换上新的、实用的反射望远镜，为了避免像差，视场一般比较小，为了扩大视场，常常增加像场改正透镜。对于反射镜的材料，只要求它的膨胀系数较小、应力较小和便于磨制。

著名的胡克望远镜

1918年底，海尔主持建造的口径254厘米的胡克望远镜投入使用。天文学家用这架望远镜第一次揭示了银河系的真实大小和我们在其中所处的位置。而且，哈勃就是通过这台望远镜的观察提出了宇宙膨胀理论。

20世纪30年代，胡克望远镜的成功激发了天文学家建造更大反射望远镜的热情。

早先世界上最大的反射式望远镜口径为5米，坐落在美国帕洛玛山天文台（1948年建成）。这架仪器口径为508厘米的望远镜，命名为海尔望远镜，以此纪念卓越的望远镜制造大师海尔。这架望远镜从设计到完工经历了20多年，尽管比胡克望远镜分辨能力更强，但它并没有使我们对宇宙有更新的认识。正如阿西摩夫所说："海尔望远镜就像半个世纪以前的叶凯士望远镜一样，似乎预兆着一种特定类型的望远镜已经快发展到它的尽头了。"它拍摄了大量的遥远星系的优质照片，为研究宇宙构造作出了重大贡献。1975年，苏联在高加索山上建造了口径6米的大反射望远镜，口径较大，但地平式装置转动不够好，以至拍的星系照片跟5米镜差不多。如果将拼嵌式的多镜面反射望远镜也归入这一类，那么现在世界上最大的反射望远镜口径为10米，名为凯克Ⅰ（Klek Ⅰ），是由36块六棱镜组成，它安装在夏威夷的莫纳克亚山上。

1991 年 11 月 7 日落成。据说美国企业家凯克又拨款制造出第 2 台同类望远镜（凯克Ⅱ）。2001 年，两架凯克望远镜成功地观测到了天猫座的恒星 HD61294。

天文望远镜除了上述的折射式与反射式两种外，还有二者结合成的折反射式望远镜。此类镜子的性能更好，但制作比较困难。

折反射望远镜有施密特式与马克苏托夫式。施密特望远镜是 1931 年由德国光学家施密特（1879～1935）发明的，故此得名。这种镜子是在反射望远镜的前端加上一个特殊的改正镜而成。改正镜为接近平板的中央鼓出的透镜，磨制十分困难。这种镜子只用于天体照相，所以常被称为“施密特照相机”。它的优点是视场较大，光力大，便于拍摄暗弱的天体。缺点是底片得压成曲面形（因为焦平面为曲面），不好用玻璃底片。现在欧洲最大的施密特望远镜在德国陶登堡史瓦西天文台，是 1960 年制造的，改正镜口径为 1.34 米，主镜直径为 2 米（一般写为 134/200 厘米），焦距为 4 米，视场为 3°4×3°4。在我国兴隆天文观测站投入使用的 LAMOST 是目前全球最大的施密特天文望远镜，造价高达 4 000 万美元。

LAMOST 是有效通光口径为 4 米、焦距为 20 米、视场达 20 平方度的中星仪式的反射施密特望远镜。它把主动光学技术应用在反射施密特系统，在跟踪天体运动中作实时球差改正，实现大口径和大视场兼备的功能。LAMOST 的球面主镜和反射镜均采用拼接技术，并且采用多目标光纤的光谱技术，光纤数可达 4 000 根，而一般望远镜只有 600 根。

预计 LAMOST 将极限星等推到 20.5 等，比 SDSS 计划高 2 等左右，实现 10^7 个星系的光谱观测，把观测目标的数量提高 1 个量级。

射电望远镜的发明及演变

1932 年，央斯基用无线电天线探测到来自银河系中心人马座方向的射电辐射，从而标志着人类打开了在传统光学波段之外观测天体的第一个窗口。

射电天文学真正的起步，应从雷伯（C. Reber，1911～）发明的射电望远镜开始。1937 年美国电信工程师雷伯用金属板制成直径近 10 米的抛物面天线，在天线后安装接收机。射电望远镜是由天线、接收机和显示器或记录仪组成的。在记录仪上所得的是天体电波的形状与强度，因而应该称其为射电接收设备，而不像光学望远镜可看见天体的影像。不过，近年来发明的电子望远镜，使人们可能从天体电波去认天体的表面。

雷伯用自制的射电设备发现了天上的不少发射无线电波的点，后人称之为“射电源”或“射电点源”。

在第二次世界大战期间（1942 年 2 月），英国的雷达发现了太阳的射电波。当太阳上出现黑子与耀斑时，射电波大为增强。

射电望远镜在二战后带动了天文学的振兴。如 20 世纪 60 年代时类星体、脉冲星、星际分子和宇宙微波背景辐射这些被称为天文学的四大发现均由射电望远镜担纲。射电望远镜每一次长足的进步都让天文学向前迈进了一步。

1946 年英国曼彻斯特大学建造了直径为 66.5 米的固定式抛物面射电望远镜，二次大战后，许多雷达被改作射电望远镜，促进了射电天文学的迅速发展。1955 年英国又建成了当时世界上最大的可转动抛物面射电望远镜。

射电望远镜具有光学望远镜所没有的优点是不怕阴天和下雨，因为无线电波不受大气环流的影响。但射电望远镜的致命弱点是分辨率很差。望远镜的分辨率用角度表示的话，是指望远镜能分开的两个天体的最小的角度。我们人眼（瞳孔直径 6 毫米左右）的分辨角约为 1 角分，小于它的物体就看不清楚了。而望远镜的分辨角（设用 θ 表示）决定于物镜的直径（设为 d）：

$$\theta'' = 1.22\lambda/d$$

式中 λ 为波长。人眼最敏感的光为黄光，波长约 5500 埃。如果 d 用毫米，则望远镜的分辨角大约为 $\theta'' \approx 140/d$。如果望远镜的口径为 1 米（1000 毫米），它的分辨角则约为 $\theta'' \approx 14$，比人眼的要大约 430 倍。换句话说，就是口径为 1 米的望远镜可以看见比天边上人眼可见的最小天体小约 430 倍。

但是无线电波的波长，比光波的波长要大上万倍甚至亿倍，因此，射电望远镜的分辨角就大得惊人。以至于我们只可收到太阳方向的无线电波，而不知道那电波是从太阳表面及附近的什么地方发射出的。

由上式可知，波长一定时，增大口径 d 可获得较小的分辨角。英国花了整整 10 年时间，于 1957 年在焦德尔班克建成了当时世界上最大的射电望远镜，抛物面天线的直径为 76 米，但分辨角仍然不够大。后来美国在波多黎各的两座高山之间挂上一个直径达305米的天线，成为当前世界上最大的固定式射电望远镜。它不仅可接收，亦可发射电波到遥远的空间去寻找“外星人”的信息。

20世纪60年代，美国在波多黎各阿雷西博镇建造了直径达305米的抛物面射电望远镜，它是顺着山坡固定在地表上的，不能转动，这是世界上最大的单孔径射电望远镜。

1962年Ryle发明了综合孔径射电望远镜，并获得了1974年诺贝尔物理学奖。综合孔径射电望远镜实现了由多个较小天线结构获得相当于大口径单天线所能取得的效果。

20世纪70年代，德国在波恩附近建造了100米直径的全向转动抛物面射电望远镜，这是世界上最大的可转动单天线射电望远镜。

20世纪80年代以来，欧洲的VLBI网、美国的VLBA阵、日本的空间VLBI相继投入使用，这是新一代射电望远镜的代表，它们在灵敏度、分辨率和观测波段上都大大超过了以往的望远镜。其中，美国的超长基线阵列（VLBA）由10个抛物天线组成，横跨从夏威夷到圣科洛伊克斯8 000千米的距离，其精度是哈勃太空望远镜的500倍，是人眼的60万倍。它所达到的分辨率相当于让一个站在纽约的人阅读位于洛杉矶的一张报纸。

知识点

射电波

电磁波包括伽马射线、X射线、紫外线、可见光、红外线、无线电波等等，它们的本质区别就是波长不同。波长依能量而定。有电，就会产生电磁波。因为物质都是由正负电子构成，由于正负电子的运动，所有物体都会向外发出电磁波，所以宇宙中就有各种波长的电磁波。

地球大气层吸收了来自宇宙的大部分电磁波，只有可见光和部分无线电波可以穿透大气层。天文学把这部分无线电波称为射电波。

赫歇耳和他的巨型望远镜

自从伽利略发明了天文望远镜之后，相当长一段时期里人们都是用折射望远镜观测天空。后来，为了提高望远镜的放大率，人们不断加长折射望远镜的镜身，最后长得难以使用。于是，人们萌发了制造反射望远镜的念头。

用反射镜做物镜的望远镜叫反射望远镜。其光学性能的重要特点是没有色差。其他像差在理论上虽然可以得到消除，但工艺复杂。实用的反射望远镜为了避免像差，视场一般比较小，可以通过像场改正透镜扩大视场。反射镜的材料要求膨胀系数和应力都较小，且便于磨制。镜面通常镀铝，这样在红外区及紫外区都能保证足够的反射率。反射望远镜的镜筒一般比较短，支撑性好。现代高科技反射望远镜还具有镜面自适应光学系统和主动光学系统，可以补偿大气扰动干扰和镜面应力及风力引起的变形抖动。

常用的反射望远镜中有主焦点系统、牛顿系统、卡塞格林系统、格里高里系统、折轴系统等，通过镜面的变换，在同一个望远镜上可以分别获得主焦点系统（或牛顿系统）、卡塞格林系统和折轴系统。这些系统的焦点，分别称为主焦点、牛顿焦点、卡塞格林焦点、格里高里焦点和折轴焦点等。单独用上述一个系统作望远镜时，分别称为牛顿望远镜、卡塞格林望远镜、格里高里望远镜、折轴望远镜。大型光学反射望远镜主要用于天体物理研究，特别是暗弱天体的分光、测光以及照相工作。

第一个提出反射望远镜方案的是英国数学家J·格雷戈里；第一个亲手制造第一架反射望远镜的是英国科学家牛顿；第一个制造出能用于专业观测的反射望远镜的是英国数学家J·哈德利；然而代表着早期反射望远镜最高成就的是赫歇耳和他的反射望远镜。

英国人W·赫歇耳（1738～1822）原本是位音乐家，但他酷爱观测星辰。由于穷困，他无力购买望远镜，只好自己动手磨制天文望远镜。据说有一次他一边磨一边听妹妹读书，连吃饭都由妹妹喂，一口气竟磨制了16小时。功夫不负苦心人，他终于在1774年制出了他的第一架反射望远镜：口径15厘米，镜长2.1米（现保存在大英科学博物馆）。接着他又磨制了口径达22.5

厘米、镜身3米和口径45厘米、镜身6米等一系列更大更好用的反射望远镜。1781年3月13日，赫歇耳用他的反射望远镜发现了一颗新行星——天王星，这一发现使他从一个音乐家一下子成为举世闻名的天文学家。

1786年他编出了包括2500个星云的星表。天王星的发现和天文学上的成就更激励他充满对磨制望远镜的热情。英国国王乔治二世慷慨解囊，出资2 000英镑支持他的工作。1789年底他研制成口径122厘米、长12.2米的巨型望远镜，这架庞然大物终于安装在一个巨大的木架上，像一尊指向天空的巨炮。这架巨型望远镜投入观测的第一夜，赫歇耳就发现了土卫一和土卫二，还发现了大量双星、星团和星云。

1822年赫歇耳去世，1839年这架巨炮似的巨型反射望远镜被人们从支离破碎的木架上放倒，目前保存在胡斯天文台的花园中，成为早期天文学的历史见证。

赫歇耳的工作和他的望远镜的产生使人类的探测能力首次超出了太阳系之外，到达了恒星世界。

知识点

星　表

星表就是记载天体各种参数（如位置、运动、星等、光谱型等）的表册，可以说是天文学上的目录。在天文学中，许多恒星都只有在星表中有简单的编号。通过天文观测编制星表，是天文学中很早就开始的工作之一。而为了许多不同的目的，有许多巨大的星表在费时多年后才编辑完成，但其中仅有少数的会经常被引用到。许多近年编辑完成的星表是使用电子格式编辑完成。

折反射望远镜的更迭与发展

19世纪末，随着工艺水平的提高，各国关于光学玻璃的制造大加改良，随之出现了一个制造大口径折射望远镜的高潮。有不少的专家展现他们的才能，制成精美巨大的透镜。折反射望远镜出现于1814年，它是由折射元件和

反射元件组成的。哈密尔顿提出在透镜组中间加入反射面，以增加光焦度，这样就能用一般的玻璃得到色差改正比消色差物镜更好的望远镜。世界上现有的 8 架 70 厘米以上的折反射望远镜，其中 7 架是在 1885 年到 1897 年期间建成的。它们中最有代表性的是 1897 年建成的口径 102 厘米的叶凯士望远镜和 1886 年建成的口径 91 厘米的里克望远镜。

1931 年，德国光学家施密特别出心裁地用一块接近于平行板的非球面薄透镜作为改正镜，与球面反射镜配合，制成了可以消除球差和轴外像差的折反射望远镜。这种望远镜就是施密特望远镜，它视场大、像差小，适合于拍摄大面积的天区照片，尤其对暗弱星云的摄影效果非常突出。

1940 年马克苏托夫制作出了另外一种折反射望远镜。它用一个弯月形状透镜作为改正透镜，制成了另一类折反射望远镜，它的两个表面是两个曲率不同的球面，相差不大，但曲率和厚度都很大。它的所有表面均为球面，比施密特望远镜的改正板容易磨制，镜筒也比较短，但视场比施密特式望远镜小，对玻璃的要求也高一些。

折反射望远镜特别适合于业余的天文观测和天文摄影。现在，施密特望远镜和马克苏托夫望远镜已经成了天文观测的重要工具。

知识点

暗弱星云

暗弱星云是星际云的一种，密度较大，可以遮蔽发射星云或反射星云的光，或是遮蔽背景的恒星。明亮的弥漫星云之所以明亮，是因为有一颗或几颗亮星的照耀。如果气体尘埃星云附近没有亮星，则星云将是黑暗的，即为暗弱星云。暗弱星云虽然既不发光，也没有光供它反射，但是它吸收和散射来自它后面的光线，因此可以在恒星密集的银河中以及明亮的弥漫星云的衬托下发现。

红外望远镜的诞生与发展

最早的红外观测可以追溯到 18 世纪末。由于地球大气的吸收和散射造成在地面进行的红外观测只局限于几个近红外窗口，因此要获得更多红外波段的信息，就必须进行空间红外观测。从19世纪下半叶，红外天文学观测才真正开始。最初是用高空气球，后来发展到飞机运载红外望远镜或探测器进行高空观测。

1983年1月23日，美英荷联合发射了第一颗红外天文卫星IRAS。其主体是一个口径为57厘米的望远镜，主要从事巡天工作。IRAS的成功极大地推动了红外天文学在各个层次的发展。直到现在，IRAS的观测源仍是天文学家研究的热点目标。

1995年11月17日由欧洲、美国和日本合作的红外空间天文台ISO发射升空。ISO的主体是一个口径为60厘米的R－C式望远镜，它的功能和性能均比IRAS有许多提高。与IRAS相比，ISO具有更宽的波段范围、更高的空间分辨率、更高的灵敏度（约为IRAS的100倍）以及更多的功能。

紫外望远镜与紫外天文观测

紫外波段介于X射线和可见光之间的频率范围，观测波段为100～3 100埃。紫外观测需要避开臭氧层和大气对紫外线的吸收，所以在150千米的高度才能进行。从最初用气球将望远镜载上高空观察，到以后用了火箭、航天飞机和卫星等空间技术才使紫外观测有了真正的发展。

1968年美国发射了OAO－2卫星，之后欧洲也发射了TD－1A卫星，它们的任务是对天空的紫外辐射作一般性的普查观测。被命名为“哥白尼”号的OAO－3卫星于1972年发射升空，它携带了一架0.8米的紫外望远镜，正常运行了9年，观测了天体的950～3 500埃的紫外光谱。

1990年12月2日～11日，“哥伦比亚”号航天飞机搭载Astro－1天文台做了空间实验室第一次紫外光谱上的天文观测；1995年3月2日开始，Astro－2天文台完成了为期16天的紫外天文观测。

1999年6月24日FUSE卫星发射升空，这是ASA的“起源计划”项目之一，其任务是要回答天文学有关宇宙演化的基本问题。

紫外天文学是全波段天文学的重要组成部分，自“哥白尼”号升空至今，已经发展了紫外波段的 EUV（极端紫外）、FUV（远紫外）、UV（紫外）等多种探测卫星，覆盖了全部紫外波段。

知识点

波　段

波段通常是由无线电波按一定性质划分成的。无线电波一般指波长由 100 000 米到 0.75 毫米的电磁波。根据电磁波传播的特性，又分为超长波、长波、中波、短波、超短波等若干波段。

X 射线望远镜与 X 射线观测

X 射线辐射的波段范围是 0.01～10 纳米，其中波长较短（能量较高）的称为硬 X 射线，波长较长的称为软 X 射线。天体的 X 射线是根本无法到达地面的，因此在人造地球卫星上天后，天文学家才获得了重要的观测成果，X 射线天文学才发展起来。

1962 年 6 月，美国麻省理工学院的研究小组第一次发现来自天蝎座方向的强大 X 射线源，这使 X 射线天文学进入了较快的发展阶段。后来随着高能天文台 1 号、2 号两颗卫星发射成功，首次进行了 X 射线波段的巡天观测，使 X 射线的观测研究向前迈进了一大步，形成对 X 射线观测的热潮。

我国正在计划研制硬 X 射线调制望远镜，预计 2015 年完工。

γ 射线望远镜与 γ 射线观测

γ 射线比硬 X 射线的能量更高，波长更短。由于地球大气的吸收，γ 射线天文观测只能通过高空气球和人造卫星搭载的仪器进行。

1991 年，美国的康普顿空间天文台（CGRO）由航天飞机送入地球轨道。它的主要任务是进行 γ 波段的首次巡天观测，同时也对较强的宇宙 γ 射线源进行高灵敏度、高分辨率的成像、能谱测量和光变测量，取得了许多有重大科学价值的成果。

CGRO 配备了 4 台仪器，它们在规模和性能上都比以往的探测设备有量级上的提高，这些设备的研制成功为高能天体物理学的研究带来了深刻的变化，也标志着 γ 射线天文学开始逐渐进入成熟阶段。

目前正在轨道运行的 γ 射线望远镜是费米伽马射线空间望远镜，造价高达 6.9 亿美元。

大气外观测的望远镜——哈勃太空望远镜

随着空间技术的发展，在大气外进行光学观测已成为可能，所以就有了可以在大气层外观测的空间望远镜。空间观测设备与地面观测设备相比，有极大的优势。以光学望远镜为例，望远镜可以接收宽得多的波段，短波甚至可以延伸到 100 纳米。没有大气抖动后，分辨能力可以得到很大的提高，空间没有重力，仪器就不会因自重而变形等等。

HST 是由美国宇航局主持建造的四座巨型空间天文台中的第一座，也是所有天文观测项目中规模最大、投资最多、最受公众瞩目的一项。它筹建于 1978 年，设计历时 7 年完成，并于 1990 年 4 月 25 日由航天飞机运载升空。但是由于人为原因造成的主镜光学系统的球差，不得不在 1993 年 12 月 2 日进行了规模浩大的修复工作。这次修复非常成功，它的分辨率比地面的大型望远镜竟然高出了几十倍！

2001 年，它又连续两次大修。

望远镜摄影天体的诞生与发展

天文学的最大进步之一便是摄影术在天体研究上的应用。1839 年，法国科学家尼普斯（1765 ~ 1833）与达盖尔（1781 ~ 1851）发明了照相术。这是信息史上的重大发明，以往用纸记录的各种信息，从此可以用照相术来记录并保存下来。当时，巴黎天文台台长阿腊果（1811～1877）在法国议会介绍这项成果时，以他的真知灼见预言说："我们有理由希望得到月亮的照相图。那就是说，我们可以在几分钟内完成天文学上一桩极其繁重、精确而且细致的工作"（引自《世界天文史》）。果然，1840年3月23日，英国化学家约翰·威廉·德雷伯（1811～1882）成功地拍摄了世界上第一张月亮照片。10年以后，即1850年，哈佛大学天文台的威廉·邦德与惠普尔首次拍到恒星（织女星与北河二）的照片。1872年，亨利·德雷伯（约翰·德雷伯之子）成功地拍得织女星的光谱（首次拍摄恒星光谱）。1880年，亨利·德雷伯用28厘米折射镜曝光51分钟，首次获得猎户座大星云形象。次年，他又拍得一颗彗星（塔普特彗星）的彗尾及其光谱片，开始了暗光光谱的工作。

第一张太阳的照片是1845年由法国物理学家贵佐（1819～1896）和傅科（Jcam. B. L Foucault，1819～1868）在巴黎天文台拍摄的，照片上有几个太阳黑子。

利用更进步的发明，哈佛天文台的邦德和纽约的卢瑟福开始把这项技术应用到月亮星辰上面去。这些先驱的拍摄图像当然不能与现代的天体摄影相媲美，但是卢瑟福所摄的昴星团及其他星团的相片到现在还有天文学价值，也就可见他们的成功了。

随着照相术的广泛应用，人们发明了专门拍摄天体的望远镜，叫做天体照相仪。一般说来，如果利用天文望远镜的物镜作为照相机的镜头，用相机的底片代替目镜，就可以拍摄天体了。但除了日、月以外，其他天体都很暗弱，望远镜只有跟踪天体的视运动，才可长期曝光，获得天体的影像。因此，一般大望远镜上都有跟踪的设备（称为"转仪钟"的钟表转动机械），便于目视观察，亦方便于照相观测。

凯克望远镜

19世纪光电光度计、光谱仪及照相机的应用，开辟了天体物理研究的新纪元。

为星辰照相是可以用普通照相机的，只要我们把它安置得像一架赤道仪一样可以追随星辰的周日视运动。几分钟的曝光便可以拍摄到比肉眼所见更多的星了——事实上用大照相机拍摄是连一分钟也用不到的。可是天文学家平时所用的却是一种摄影望远镜。普通摄影机自然也能用，只要加上相当的改善装置，但为了得到最好的效果，望远镜的物镜必须造得使紫光蓝光到同一焦点，因为这种光是摄影底片最敏感的。

为摄影而设计的折射望远镜常做得比同口径的目视望远镜要短些，为的是可以同时多看到更大的天空。同时为了使大视野的像更清晰并减少颜色的模糊，其中的物镜常是两重的，便是所谓的“双分离物镜”。例如巴纳德用来成功实现他的举世无双的银河及彗星摄影的布鲁斯双分离物镜。而哈佛天文台的61厘米双分离物镜，曾经大大增加了我们对于南半天球的知识。只要物镜充分消去色散以后，折射望远镜是既可以目视又可用做摄影研究的。

对今天说来，摄影底片已大量地代替了眼睛用在望远镜上了。晴朗的天空被用做大量的摄影，而这些永久的记录又便于精密的研究。常常在一个特别有趣的天体（例如新行星或新星）发现以后，天文学家还可以在早先的该部分天空影片中寻找发现此前许多年的历史。发现冥王星时的情形便是这样。

古代的天文学家记录太阳黑子、日食、行星、彗星、星云及其他天体的现象都用尽可能正确的图画。这些图画要很长时间才能制成，其中还有艺术家个人的偏见。有时两位天文学家对同一天体的两张画竟互不相似，或者到后来又发现与原先的也大不相同。用摄影术我们可得到更真切的天体影像，而且需要的时间更短。

天体摄影最大的优点是在长时间的曝光之后，底片上可得到许多肉眼看不大清楚或简直看不见的情形。譬如说，有些星云在照片中很明显，眼睛却在最大的望远镜中也不能看见。此外，摄影也并非是轻松的事情。对一个极其黯弱的天体摄影需要若干小时的曝光，需要望远镜的活动部分移动得异常准确，需要天文学家的技术与耐性，才能得到一张清晰的图画。

后来，光电耦合器件CCD的应用，使照相底片也成为历史。CCD可对天体进行实时观测，量子效率更高，拥有照相底片办不到的许多优点。

提高望远镜分辨率的射电干涉仪

欧洲南方天文台自1986年开始研制由四台8米口径望远镜组成一台等效口径为16米的光学望远镜。这四台8米望远镜排列在一条直线上，它们均采用地平装置，主镜采用主动光学系统支撑，指向精度为1秒，跟踪精度为0.05秒，镜筒重量为100吨，叉臂重量不到120吨。这4台望远镜可以组成一个干涉阵，做两两干涉观测，也可以单独使用每一台望远镜。

为了提高射电望远镜的分辨率，人们利用光的干涉原理，制成了射电干涉仪之类的观测仪器。最简单的干涉仪是由两台相隔一定距离的天线组合成的。干涉仪的分辨角取决于两天线间的距离（d）。也近似有θλ/d的形式。现代采用新的技术，两台天线用不同的传输线连接，可放在相隔几千千米的地方，如上海与乌鲁木齐、上海与巴黎之间，组成了名为“甚长基线干涉仪”（VLBI）的观测仪器。这种干涉仪是跨洲界的。观测需要高精度的氢原子钟，将标准频率与天体的电波讯息录在磁带上，然后集中双方的磁带，用特制的信号处理机来求出结果。目前可得到角分辨率达2/10 000秒，远远超过了光学望远镜的分辨率，这相当于在几百万千米以外分辨出一个小小的针尖！

现在，射电干涉仪的种类很多，有的排成“十”字形，有的排成“Y”形，有的排成圆弧形。我国北京附近的密云水库北边，有一排南北排列长达1 242米的射电干涉仪。它由28面口径为9米的天线组成，因此实际上是一种“综合孔径射电望远镜”，可用于研究太阳的射电及其他射电源的电波。

射电的天文观测，现在正朝着三个方向努力：一是提高空间分辨率，二是提高时间分辨率，三是提高频谱分辨率。随着原子物理技术与理论物理学的进步，射电天文学必然会有更大的发展。

我国现存最早的古天文台建筑——登封观星台

河南登封观星台是我国古代的天文观测台，位于河南省登封县城东南15

千米，始建于元朝初年（1279 年前后），是我国现存最早的古天文台建筑，也是世界上重要的天文古迹之一。

登封观星台

观星台的用途相当于测量日影的圭表。它那高高耸立的城楼式建筑相当于一根直立于地面上的竿子，台下正北方的“长堤”则是一把用来度量日影长度的“量天尺”。台上有两间小屋，一间放着漏壶，一间放着浑仪，两室之间有一横梁。每天正午时分，太阳光将台顶中间横梁的影子投在“量天尺”上。冬至这天正午的投影最长，夏至这天正午的投影最短；从一个冬至或夏至到下一个冬至或夏至，就是一个回归年的长度。我国古代就是采用这种方法测定一年的长度，从而为指定历法奠定了基础。元朝杰出的天文学家郭守敬曾经在这个地方主持过测量工作。

经考证，除了测量日影和计时的功能以外，当年的观星台上可能还有观测星象的设施，并有过在此地观测北极星的记录。

河南登封观星台现存的部分已被列为国家重点文物保护单位。

连续观测最久的天文台——北京古观象台

北京古观象台，位于北京市建国门立交桥西南角，始建于明朝正统年间（约 1442 年），是世界上最古老的天文台之一。它以建筑完整、仪器精美、历史悠久和在东西方文化交流中的独特地位而闻名于世。

北京古观象台在明朝时被称为“观星台”，台上陈设有简仪、浑仪和浑象等大型天文仪器，台下陈设有圭表和漏壶。清代时观星台改称“观象台”，辛亥革命后改名为中央观星台。

清代康熙和乾隆年间，天文台上先后增设了八件铜制的大型天文仪器，均采用欧洲天文学度量制和仪器结构。从明朝正统年间，到1929年止，北京古观象台连续从事天文观测达五百年，在世界上现存的古观象台中，保持着连续观测最久的历史记录，而且，它还以建筑完整和仪器配套齐全而在国际上久负盛名。清代制造的八件大型铜制天文仪器体形巨大，造型美观，雕刻精湛。除了造型、花饰、工艺等方面具有中国的传统特色外，在刻度、游表和结构方面还反映了西欧文艺复兴时代以后大型天文仪器的进展和成就，成为东西方文化交流的历史见证。它们不仅是实用的天文观测工具，还是举世无双的历史文物珍品。

现在北京古观象台已经改建为北京古代天文仪器陈列馆，属于北京天文台，继续在天文科学和科普领域发挥着作用。

我国著名的综合性天文台——紫金山天文台

中国科学院紫金山天文台，是我国最著名的天文台之一，始建于1934年，位于南京市东南郊风景优美的紫金山上。

紫金山天文台是一个综合性的天文台，始建时拥有60厘米口径的反射望远镜、20厘米折射望远镜，附有15厘米天体照相仪和太阳分光镜等设备。在抗日战争时期，部分仪器迁往昆明，其余遭到破坏。1949年新中国成立后，修复了损坏的天文仪器，并先后增置了色球望远镜、定天镜、双筒折射望远镜、施密特望远镜和射电望远镜等先进的天文仪器，可以进行恒星、小行星、彗星和人造卫星的观测与研究，以及对太阳的常规观测，研究太阳的活动规律并做出太阳活动预报。紫金山天文台还是我国历算的权威机构，负责编算和出版每年的《中国天文年历》、《航海天文历》等历法书工作。

紫金山天文台从1999年开始就建造我国最大的近地天体探测望远镜。2006年11月，紫金山天文台在江苏盱眙铁山寺森林公园里建设了一个观测站，放置这架望远镜。目前，已经展开了测量工作。

英国综合性光学天文台——格林尼治天文台

世界闻名的英国天文台，现位于英国南海岸苏塞克郡的赫斯特蒙苏堡。

格林尼治天文台

格林尼治天文台始建于1675年，位于英国首都伦敦的格林尼治，第二次世界大战后迁往新址，但保留了“格林尼治皇家天文台”的名称。1884年，经过这个天文台的子午线被确定为全球的时间和经度计量的标准参考子午线，也称为本初子午线，即零度经线。

格林尼治天文台初建之时，目的在于精确地观测月球和恒星，帮助航海家确定经度。现在它已经发展为英国的一个综合性光学天文台。1999年12月28日，一种新的时间系统——格林尼治电子时间（GET）正式诞生，它将为全球电子商务提供一个时间标准。而原有的格林尼治时间（GMT）仍将保留，作为21世纪的世界标准时间。

知识点

本初子午线

本初子午线又称“首子午线”或“零子午线”，是地球上的零度经线，它是为了确定地球经度和全球时刻而采用的标准参考子午线。本初子午线以东为东经，以西为西经，全球经度测量均以本初子午线与赤道的交点E点作为经度原点。经度值自本初子午线开始，分别向东、西计量，各自0°~180°或各自0~12时。

印度第一个古天文台——德里古天文台

印度是世界四大文明古国之一，那里的天文学起源很早。由于农业生产的需要，早在大约 3 000 年前，印度人就创立了自己的历法，并产生了独具特色的宇宙理论。但他们不重视对天体的实际观测，因而忽视天文仪器的使用和制造，在一个很长的时期内仅有平板日晷和圭表等简单的仪器，直到 18 世纪才在德里等地建立了天文台。德里古天文台建于公元 1724 年，有十几件巨型灰石或金属结构的天文仪器。

德里古天文台在印度天文观测历史上曾经起过重要的作用。

玛雅建筑工艺和天文知识的凝聚——玛雅天文台

玛雅人是美洲印第安人的一支，在公元前 1000 年左右开始创立自己的文化，有着高度发达的农业、数学、天文学和宗教礼仪知识。

玛雅天文台

玛雅人有自己的天文观测台。玛雅天文台是一组建筑群，从一座金字塔上的观测点向东方的庙宇望去，就是春分、秋分日出的方向；向东北方向的庙宇望去，就是夏至日出的方向；向东南方向的庙宇望去，就是冬至日出的方向。类似的建筑群，在玛雅文化遗址地域还发现有好几处。

玛雅天文台显示了古代玛雅人高超的建筑工艺和先进的天文知识。